이인식의
멋진과학
2

고즈윈은 좋은책을 읽는 독자를 섬깁니다.
당신을 닮은 좋은책—고즈윈

이인식의 멋진과학 2
이인식 지음

1판 1쇄 인쇄 | 2011. 7. 8.
1판 1쇄 발행 | 2011. 7. 15.

저작권자 ⓒ 2011 이인식
이 책의 저작권자는 위와 같습니다. 저작권자의 동의 없이
내용의 일부를 인용하거나 발췌하는 것을 금합니다.

Copyright ⓒ 2011 by Lee In-Sik
All rights reserved including the rights of reproduction
in whole or in part in any form. Printed in KOREA.

일러스트 저작권자 ⓒ 조선일보

발행처 | 고즈윈
발행인 | 고세규
신고번호 | 제313-2004-00095호
신고일자 | 2004. 4. 21.
(121-896) 서울특별시 마포구 동교로13길 34(서교동 474-13)
전화 02)325-5676 팩시밀리 02)333-5980

값은 표지에 있습니다.
ISBN 978-89-92975-55-1 04500
ISBN 978-89-92975-56-8 (전 2권)

고즈윈은 항상 책을 읽는 독자의 기쁨을 생각합니다.
고즈윈은 좋은책이 독자에게 행복을 전한다고 믿습니다.

당신이 찾던 첨단 지식교양 200가지

이인식의 멋진 과학 2

고즈윈

차 례

이인식의 멋진과학 2권

088 … 미루며 사는 인생	15
089 … 진화론과 지식 융합	18
090 … 호모 퓨처리스	21
091 … 파킨슨 법칙은 맞다	24
092 … 약지 짧은 사람 주식 하면 쪽박?	28
093 … 군중을 조종하는 법	31
094 … 짝짓기 지능 지수	34
095 … 종교는 왜 생겼을까	37
096 … 뇌를 젊게 하는 방법	40
097 … 자살은 누가 하는가	43
098 … 동양과 서양의 사고방식 차이	47
099 … 거짓말은 영원하다	50
100 … 잘 노는 것도 중요하다	53
101 … 누가 섹스를 사는가	56
102 … 기도는 힘이 세다	59
103 … 대대로 가난한 사람들	62
104 … 불황의 진짜 원인	66
105 … 생태 위기와 종교	69

106	생식 기술의 그늘	72
107	친환경적 삶이란	75
108	식량 위기 해결책	78
109	2045년 특이점 통과한다	81
110	노시보 효과	84
111	당신이 키보드 치는 소리에 누군가 귀를 쫑긋한다	87
112	오바마 효과	91
113	경쟁적 이타주의	94
114	해외 떠돌면 창의력 높아진다	97
115	메데이아 가설	100
116	해수면 1미터 상승의 재앙	103
117	시위대를 현명하게 진압하는 전략	106
118	돈은 마약이다	109
119	심리적 거리 활용하면 창의성 좋아진다	112
120	왜 명품을 살까?	115
121	융합기술의 시대 온다	118
122	뇌의 암흑물질을 찾아서	121
123	마음속의 보름달	124
124	창조 경제의 주역, 영재 기업인	127
125	성장 동력의 연료는 과학기술	130
126	소행성 충돌을 모면하려면	133
127	착하게 태어난다는 것	136
128	100살까지 살려면……	139
129	행동은 감염된다	142
130	마음을 읽는다	146
131	명상을 만들어 낸다	149
132	지력과학과 사이비 과학	152
133	바보야, 문제는 IQ가 아니야	155
134	전 지구적 공유지의 비극	158
135	이기적이면서 이타적인	161

136 …	생명에 대한 두 가지 도전	164
137 …	사랑도 네트워크가 필요하다	168
138 …	은 나노에 빨간불 켜졌다	172
139 …	성교육 빠를수록 좋다	176
140 …	행복한 부부들은 즐거운 것만 기억한다	180
141 …	2025년 만물의 인터넷	184
142 …	사회성 곤충의 떼 지능	188
143 …	멸종 생물, 유전자로 되살린다	191
144 …	디지털 모택동주의	194
145 …	털 없는 원숭이	197
146 …	목격자의 치명적 실수	201
147 …	노인에 대한 오해	204
148 …	10대 인기 가요의 허실	207
149 …	초설득의 심리학	210
150 …	이승을 떠나는 마음	213
151 …	산업융합을 서두를 때	216
152 …	동물의 자살	220
153 …	남자가 아버지가 될 때	224
154 …	지구는 얼마나 병들었을까	227
155 …	자살의 심리학	230
156 …	고산 등반가의 뇌	233
157 …	누가 진실을 거부하는가	236
158 …	빨간 셔츠에 행운을	240
159 …	대형 참사에서 살아남는 법	243
160 …	전쟁은 끝났는가	247
161 …	아이디어가 섹스를 하면	250
162 …	살인 로봇이 몰려온다	253
163 …	개는 윤리적 동물인가	256
164 …	전문가를 의심하세요	259
165 …	기부 많이 하는 사람의 마음	262
166 …	집단지능의 두 얼굴	265

167 … 생물다양성의 파괴	268
168 … 로봇 의사, 몸으로 들어간다	271
169 … 과학자의 끊임없는 부정행위	274
170 … 고향을 꿈꾸는 자에게 행운이	277
171 … 가난한 여자가 일찍 엄마가 되는 이유는	280
172 … 돈으로 삶을 윤택하게 하려면	283
173 … 사람이 죽어서 먼지로 돌아가기까지	286
174 … 사장님 호르몬 따로 있을까	289
175 … 바람둥이의 부적은 기도	292
176 … 사이코패스 치료는 가능한가	295
177 … 승자는 포르노를 즐긴다	298
178 … 윤리적인 로봇	301
179 … 짝퉁은 소비자 마음 타락시킨다	304
180 … 마음이 혹하면 뇌는 오판한다	307
181 … 남의 불행이 곧 나의 행복	310
182 … 인간이 미래를 볼 수 있을까	313
183 … 긍정적 정서의 힘	316
184 … 불로장생으로 가는 세 개의 다리	319
185 … 뇌지도 완성할 수 있을까	322
186 … 외계 문명이 보내는 메시지	325
187 … 용기 유전자는 존재하는가	328
188 … 명상은 의사결정 속도 높인다	331
189 … 머리가 좋아지는 음식물	334
190 … 게놈 지도 10년의 허와 실	337
191 … 누구나 흡혈귀가 될 수 있다	340
192 … 애착 이론과 로맨스	344
193 … 슬픔을 이겨 내는 힘, 레실리언스	347
194 … 몸으로도 생각한다	350
195 … 이야기는 힘이 세다	353
196 … 위기 상황에서 똘똘 뭉친다	356
197 … 물 한 모금의 효과	359

198 ⋯ 지진 조기 경보 시스템　　　　362
199 ⋯ 생각으로 비행기 조종한다　　　365
200 ⋯ 좋은 부모가 되려면　　　　　　368

찾아보기-인명　371
찾아보기-용어　375
찾아보기-문헌　377
지은이의 주요 저술 활동　379

**이인식의
멋진과학
1권**

책을 내면서 드리는 말씀_
4년 동안 고맙고 행복했습니다
인터뷰_ 미래를 창도하는 지식 융합의 기수

001 ⋯ 모래시계 몸매를 왜 좋아할까?
002 ⋯ 정의로운 마음
003 ⋯ 아빠도 젖 줄 수 있다
004 ⋯ 빙하기가 또 온다고?
005 ⋯ 인간의 폭력적인 뇌
006 ⋯ 처녀들은 왜 봄을 탈까
007 ⋯ 우두머리의 자존심
008 ⋯ 콘돔을 손수건처럼 챙겨라
009 ⋯ 천재는 '머리'보다 '땀'이다
010 ⋯ 창조론 기세등등하다
011 ⋯ 사이버 전쟁의 가공할 위력
012 ⋯ 사람 잡는 텔레비전 폭력물
013 ⋯ 침팬지에게도 '인권'을
014 ⋯ 생물학의 빅뱅
015 ⋯ 10대 뇌는 존재하는가
016 ⋯ 모든 인류가 사라진다면
017 ⋯ 호주 원주민 어린이의 눈물
018 ⋯ 누가 대통령을 쏘았는가
019 ⋯ 동물도 느낄 줄 안다
020 ⋯ 비만은 사회적 전염병
021 ⋯ 완벽한 남자 고르는 법
022 ⋯ 나노물질이 수상하다
023 ⋯ 집단 속의 또 다른 나
024 ⋯ 자선은 공작새의 꼬리일까
025 ⋯ '몸을 떠난 나' 유체 이탈
026 ⋯ 종교는 왜 존재하는가
027 ⋯ 강박신경증 환자 적지 않다
028 ⋯ 생태계 서비스 전략
029 ⋯ 로봇 자동차가 달려온다
030 ⋯ 우생학의 망령

031 … 죽음 너머의 세계
032 … 첫인상이 선거 당락 좌우
033 … 출생 순서가 운명을 결정?
034 … 믿지는 건 참을 수 없다
035 … 믿고 싶은 것만 믿는 유권자
036 … 창의적인 리더십
037 … 신비체험의 수수께끼
038 … 쿼콜로지로 보는 세상
039 … 테러리스트는 누구인가
040 … 출생 시기가 운명 좌우한다
041 … 지구를 식히는 방법
042 … 몸으로 정보 교환한다
043 … 남자도 수다스럽다
044 … 뇌 안의 거울
045 … 키스는 과학이다
046 … 죽음의 공포에 맞선다
047 … 트롤리 문제에 담긴 뜻
048 … 머리에 좋은 음식
049 … 흑인과 원숭이
050 … 사랑은 거짓말 게임이다
051 … 성격의 5가지 특성
052 … 사이코패스를 알아보는 법
053 … 영어도 라틴어처럼 분화될까
054 … 행복은 어떻게 오는가
055 … 10대 범죄자들
056 … 아들 낳는 비결?
057 … 복제동물 식품은 안전한가
058 … 특별한 기억력 보유자
059 … 새들은 소음과 생존 전쟁 중이다
060 … 옥시토신의 쓰임새
061 … 싼샤 댐, 약인가 독인가
062 … 정치 성향은 타고난다
063 … 게이는 태어난다
064 … 틈만 나면 거울 보는 신체 기형 장애

065 … 창의적 능력을 키우는 네 가지 기술
066 … 대중의 놀라운 지혜
067 … 동물로 질병 치료한다
068 … 머리 좋아지는 음식
069 … 권태도 병이런가
070 … 포경수술, 약인가 독인가
071 … 소설이 사람을 성장시킨다
072 … 만지면 믿게 된다
073 … 잠재의식 속의 편견
074 … 육식 하면 지구 더워진다
075 … 내 것이면 무조건 최고
076 … 잘 놀라면 우파라고?
077 … 스토킹은 폭력이다
078 … 종교와 뇌의 관계를 밝혀라
079 … 가십도 쓸모 있다
080 … 뇌가 바뀌고 있다
081 … 좌파가 선거에서 승리하려면
082 … 유령은 왜 나타날까
083 … 2025년의 핵심 기술
084 … 생사가 달린 화장실
085 … 섹스에 대한 개인차
086 … 친구, 왜 중요할까
087 … 갈릴레이와 다윈의 해

찾아보기-인명
찾아보기-용어
찾아보기-문헌

이인식의
멋진과학

088-200

이인식의 멋진과학 088
미루며 사는 인생

새해가 되면 오늘 일은 내일로 미루지 말자고 굳게 다짐하지만 작심삼일이 되게 마련이다. 날마다 규칙적으로 운동을 하기로 결심하고는 틈만 나면 텔레비전 앞에서 빈둥거린다. 계획대로 공부를 하지 않다가 시험 직전에 벼락치기를 한다. 저축 목표를 세워 놓고 은행에 가기는커녕 술값으로 탕진한다. 우리는 번번이 중요한 일을 뒤로 미루면서 살아간다. 이러한 미루는 버릇(procrastination)은 심리학의 중요한 연구 과제가 되고 있다.

누구나 한두 번은 힘들거나 귀찮은 일을 질질 끌어 본 경험이 있을 테지만 성인의 15~20퍼센트는 일상적으로 매사를 지연시키는 것으로 추정된다. 미루기가 몸에 밴 사람들은 금전적으로 손해를 보기 일쑤이고 건강도 해칠 뿐만 아니라 인간관계를 그르쳐서 출세에 지장이 많다는 연구 결과가 잇따라 발표되었다.

  우선 미국에서 성인 40퍼센트는 미루기 습관 때문에 재정적 손실을 보는 것으로 추정된다. 미루기를 하면 건강에도 좋지 않은 것으로 밝혀졌다. 2006년 캐나다 윈저대 심리학자 퓨시아 시로이스는 미루기를 잘하는 사람은 제때 일을 처리하는 사람보다 스트레스에 더 시달리며 감기 따위에 취약하다고 보고했다. 특히 이들은 정기적인 건강검진을 제대로 받지 않아 병을 키울 가능성도 높은 것으로 나타났다.

  사람이 미루는 습관을 갖게 되는 요인으로는 성격과 환경이 모두 거론된다. 미루기 연구 분야에서 가장 유명한 캐나다 캘거리대 심리학자 피어스 스틸은 미루기 연구 논문 553개를 분석하고 특정 환경에서 미루기 행동을 하게 될 가능성을 예측할 수 있는 수학 공식을 만들었

다. 2007년 격월간 『심리학 회보Psychological Bulletin』 1월호에 실린 논문에서 스틸은 인간의 미루기 행동이 성격과 환경의 변수를 반영한 방정식에 의해 예측 가능하다고 주장하여 학계의 주목을 받았다.

2008년 격월간 『사이언티픽 아메리칸 마인드Scientific American Mind』 12월호는 미루기 행동을 커버스토리로 다루면서 심리적 요인을 세 가지로 분석했다. 첫째, 회피 심리이다. 어떤 일을 처리할 때 마음이 편안하지 못하기 때문에 이를 회피하고 싶어 질질 끌게 된다는 것이다. 둘째, 우유부단한 성격이다. 가령 아내의 생일에 어떤 선물을 해야 할지 궁리만 하다가 때를 놓치고 마는 경우이다. 셋째, 도발적인 심리이다. 일부러 최종 기한에 임박하여 시간에 쫓기면서 일을 처리하는 사람들은 몰입하는 경험을 즐길 수 있다고 주장하지만 결국 제때 일을 처리하지 못하기 십상이다.

피어스 스틸에 따르면 미루기 습관을 가진 사람의 95퍼센트가 버릇을 고치고 싶어 하지만 쉬운 일이 아닌 것 같다. 스틸은 다음과 같은 처방전을 제시한다.

첫째, 직장 상사나 배우자와 정해진 시간 내에 일을 처리하겠다고 약속을 한다. 둘째, 현실적인 목표를 설정한다. 시간을 세분해서 계획을 세울수록 일을 질질 끌게 되지 않을 것이다. 셋째, 어떤 목표를 달성하면 자신에게 스스로 보상을 한다는 약속을 해 본다. 넷째, 피로를 핑계 삼아 일을 미룰 수 있으므로 항상 건강한 상태를 유지한다. 끝으로 가장 중요한 것은 자신에 대한 믿음이다. 자신의 능력을 불신하고 무슨 일을 할 수 있겠는가. (2009년 1월 3일)

이인식의 멋진과학 089
진화론과 지식 융합

다윈 탄생 200주년을 기념하기 위해 세계 곳곳에서 개최될 학술대회의 단골 주제로는 진화론이 현대인의 세계관과 사고방식에 미친 영향을 고찰하는 내용이 포함될 전망이다. 특히 사람의 마음과 행동의 연구에 진화론을 적용하는 융합 학문이 관심을 끌 것 같다. 이를테면 사람의 마음을 진화론으로 설명하는 진화심리학, 진화적 관점에서 경제 현상을 분석하는 진화경제학, 진화생물학을 의학에 응용하는 다윈의학, 진화론을 컴퓨터과학에 접목한 유전 프로그래밍과 진화예술, 진화론으로 인간 짝짓기를 설명하는 짝짓기 지능 분야가 신생 학문으로 주목받고 있다.

진화론의 중심 개념은 자연선택(natural selection)이다. 자연선택 이론은 적자생존으로 규정된다. 생물이 생존경쟁에서 승리하여 다른 개체보다 자손을 더 많이 퍼뜨리려면 환경에 적응하는 능력을 갖지 않으면 안 된다. 생물학에서 적응이란 자연선택이 오랜 세월 지속적으로 작용하여 생물의 기능 중에서 효율적인 부분만을 선택하여 진화시키는 것을 의미한다. 사람의 마음을 이러한 적응의 산물로 간주하는 학문이 진화심리학이다. 1992년 미국에서 하나의 독립된 연구 분야로 출현한 진화심리학은 진화생물학, 인지심리학, 인류학의 융합에 근거를 두고 사람 마음을 설명하려는 접근 방법이다.

진화경제학은 1982년 미국에서 학문으로 발족했으나 그 뿌리는 아주 깊다. 20세기 초반에 저명한 경제학자들이 경제학과 진화론 사이의 관계에 주목했기 때문이다. 가령 조지프 슘페터는 신고전파 경제학에서 무시되었던 변화와 경쟁의 의미를 부활시켜 놓았다. 슘페터가 말한 변화는 진화론의 기본이며, 경쟁은 자연선택 이론의 핵심에 다름 아니다. 다윈의 생물학에 기반을 둔 진화경제학은 뉴턴의 물리학에서 영감을 얻은 신고전파 경제학에 대한 새로운 도전이라 할 수 있다.

다윈의학 또는 진화의학은 자연선택이 왜 인체를 좀 더 잘 설계하지 못했으며, 왜 인체를 질병에 취약하게 만들었는지를 연구하여 현대 의학의 대안을 제시하려는 분야이다. 1991년 미국에서 태동한 다윈의학은 비만, 당뇨, 심장질환, 각종 암 등은 석기시대 조상들에게 없던 질병으로서 자연선택이 현대인의 적응 능력을 키우지 못한 데서 비롯되었다고 설명한다.

진화론을 컴퓨터과학에 활용한 대표적인 사례는 유전 프로그래밍(genetic programming)이다. 컴퓨터가 스스로 자신의 프로그램을 짤 수 있

다면 더 이상 소프트웨어 전문가가 필요 없을 것이다. 소프트웨어가 생물처럼 자연선택 원칙에 입각하여 스스로 진화할 수 있도록 만드는 기법이 유전 프로그래밍이다. 이 기법을 활용하여 예술 작품을 창작하는 이른바 진화예술도 출현했다.

    다윈은 자연선택에 이어 성적 선택(sexual selection) 이론도 내놓았다. 가령 남자의 수염은 생존경쟁보다는 생식에 관련된 것이므로 자연선택과는 거리가 멀고 성적 선택 과정에서 진화되었다는 것이다. 성적 선택 이론으로 사람의 마음, 특히 짝을 고르는 심리가 진화된 과정을 설명하는 분야가 태동했다. 대표적인 사례는 2007년 등장한 짝짓기 지능(mating intelligence) 연구이다. 짝짓기 지능은 심리학 연구의 두 분야인 인간 짝짓기와 지능을 융합하려는 시도이다. (2009년 1월 10일)

이인식의 멋진과학 090

호모 퓨처리스

　인류의 생물학적 진화는 종료되었다고 믿는 사람들이 적지 않지만 대부분의 과학자들은 견해를 달리한다. 자연선택에 의한 진화는 더 이상 진행되지 않더라도 생명공학을 비롯한 과학기술이 인류의 진화 과정에 직접적으로 영향을 미칠 가능성이 농후해지고 있기 때문이다. 2009년 『사이언티픽 아메리칸Scientific American』 1월호에는 미국 생물학자 피터 워드가 미래인류(Homo futuris)에 대한 여러 주장을 소개한 에세이가 실려 있다. 워드에 따르면 현생인류는 자연선택이 작용할 때까지 기다리지 않고 자신을 스스로 진화시킬 것 같다.

　인류의 진화에 영향을 미칠 과학기술은 그린(GRIN), 곧 유전공학(G), 로봇공학(R), 정보기술(I), 나노기술(N)이다. 그린 기술 중에서 인

류의 생물학적 진화에 결정적으로 작용할 기술은 유전공학이다. 2020년대가 되면 유전자 치료가 거의 모든 질병을 완치시킬 전망이다. 정자나 난자를 다루는 생식세포 치료의 경우에는 변화된 유전적 조성이 그 환자의 모든 자손에게 대대로 영향을 미칠 수 있으므로 질병 치료 이상의 의미를 내포한다. 생식세포에서 질병에 관련된 유전자를 제거하는 데 머물지 않고 지능, 외모, 건강을 개량하는 유전자를 보강할 수 있기 때문이다. 이를테면 맞춤아기(designer baby)를 생산할 수 있다. 2020년대에 설계대로 만들어진 주문형 아기가 출현하면 경제 능력에 따라 유전자가 보강된 슈퍼인간과 그렇지 못한 자연인간으로 사회계층이 양극화된다. 가령 지능지수 150, 수명 150살로 설계된 슈퍼인간은 자연인간과의 생존경쟁에서 승리하여 그 자손을 퍼뜨려서 결국에는 현생인류와 유전적으로 다른 새로운 종으로 진화될 가능성이 높다.

미래인류의 두 번째 모습으로는 뇌의 기능이 보완된 사이보그가 거론된다. 사이보그는 기계와 유기체의 합성물을 뜻한다. 유기체에 기계가 결합되면 그것이 사람이건 바퀴벌레이건 사이보그라 부른다. 과학기술로 심신의 기능을 개선시킨 사람들, 이를테면 인공장기를 갖거나 신경보철을 한 사람, 예방접종을 하거나 향정신성 약품을 복용한 사람들은 모두 사이보그에 해당한다. 특히 신경공학에 의해 뇌 기능이 향상된 사이보그가 출현할 전망이다. 가령 뇌에 이식된 송수신 장치로 한 사람의 뇌에서 다른 사람의 뇌로 직접 정보가 전달될 수 있다. 21세기 후반에는 그런 기술의 발달로 사람이 사이보그로 변신함에 따라 사람과 기계, 곧 생물과 무생물의 경계가 급속도로 허물어진다. 사람과 기계가 한 몸에 공생하는 인간 사이보그는 자연인간을 심신 양면에서 압도적으로 능가하므로 포스트휴먼(posthuman)으로 분류된다.

한편 일부 과학자들은 사람의 마음을 기계 속으로 옮겨 사람이 말 그대로 로봇으로 바뀌는 시나리오를 상상한다. 사람 마음이 컴퓨터 프로그램처럼 복사, 전송, 저장될 수 있다는 뜻이다. 그러면 마음이 사멸하지 않게 되므로 그 사람은 결국 영생을 누리는 셈이다. 사이보그처럼 마음과 기계가 공생하는 로봇 역시 미래인류의 한 형태로 진화할 가능성을 배제할 수 없다. 미래인류의 모습이 어떻든 간에 한 가지 분명한 사실은 인류가 멸종을 자초할 개연성도 없지 않다는 것이다.
(2009년 1월 17일)

이인식의 멋진과학 091

파킨슨 법칙은 맞다

1944년 2차 세계대전 당시 영국 해군에서 사무원으로 복무한 경제학자 노스코트 파킨슨(1909~1993)은 문서가 비효율적으로 처리되는 과정을 지켜보다 관료화된 거대 조직의 부조리를 폭로하는 연구에 착수했다.

파킨슨은 1914년과 1928년의 영국 해군본부 통계를 분석했다. 1914년 장교와 사병은 14만 6,000명, 군함은 62척이었으나 1928년 10만 명과 20척으로 줄어들었다. 장병은 3분의 1이, 함대는 3분의 2가 축소된 셈이다.

그런데 같은 기간, 해군본부 관리의 수는 2,000명에서 3,569명으로 80퍼센트 가까이 늘어났다. 14년 동안 전투에 투입되는 인원은 감소한 반면에 행정 업무에만 종사하는 관리의 수는 증가하는 기현상이 나타난 것이다.

파킨슨은 해군의 전투력과 무관하게 행정 요원이 증가한 요인은 두 가지라고 설명했다. 하나는 공무원이란 원래 승진을 위해 불필요한 부하 직원을 늘리려고 하며 다른 하나는 공무원들에게 서로를 위해 일거리를 만들어 내는 성향이 있기 때문이다.

관리들은 부하 직원을 채용해서 이들을 관리하기 위해 쓸데없는 업무를 만들어 내므로 결국 관리의 수가 터무니없이 증가한다는 것이다. 요컨대 관료 조직에서는 업무량과 무관하게 공무원 수가 불어나게 마련이다.

1955년 파킨슨은 행정조직에서 업무량과 공무원 수의 사이에는 아

무런 관련이 없다는 연구 결과를 발표했는데 이는 '파킨슨의 법칙'이라 명명되었다. 파킨슨의 법칙은 '일은 그것을 처리하는 데 쓸 수 있는 시간만큼 늘어나기 마련이다.'라는 문장으로 표현된다.

1957년 파킨슨은 저서를 펴내고 자신의 법칙을 과학이라고 주장했지만 설득력이 별로 없었다. 그런데 파킨슨의 법칙에 과학적 근거를 제공한 연구 결과가 나온 것으로 알려졌다.

영국 주간지 『뉴 사이언티스트New Scientist』 1월 10일 자에 따르면 오스트리아 물리학자 피터 클리메크는 파킨슨의 법칙이 적용되는 관료 조직의 수학적 모형을 만들고 방정식을 이용하여 파킨슨이 지적한 것처럼 조직이 비대해지는 것을 보여 주었다.

파킨슨은 각종 위원회를 구성하는 사람 수와 효율성의 상관관계에 대해서도 관심을 가졌다. 그는 1257년부터 1955년까지 700년 역사를 가진 영국의 내각(캐비닛)을 연구하고 캐비닛의 비효율성이 드러나는 시점은 인원이 20명을 넘어설 때라고 결론 내렸다.

어떠한 위원회이든 20명을 초과하면 내부에 소집단이 형성되고 나머지는 들러리로 전락하므로 조직이 쇠퇴하기 시작한다는 것이다. 파킨슨은 구성원이 19명에서 22명 사이일 때 그 집단은 비능률 상태에 빠질 가능성이 높다고 주장했다.

클리메크는 파킨슨의 주장을 검증하기 위해 컴퓨터로 모의실험을 했다. 위원회의 모형을 만들어서 운영을 해 본 결과 파킨슨이 주장한 숫자인 20명 부근에서 상반된 현상이 나타났다. 20명 미만인 집단에서는 의견 일치를 보기 쉬운 반면에 20명을 초과한 집단은 여러 개의 소집단으로 분열되어 합의에 도달할 수 없는 것으로 드러났다. 파킨슨의 주장을 뒷받침할 만한 실험 결과였다.

  오늘날 대부분의 나라는 파킨슨의 이론을 참작한 듯이 행정부가 13~20명의 각료로 구성되었다. 걸핏하면 위원회를 만드는 우리나라 고위 관료 여러분도 파킨슨의 탁견을 재음미해 보면 어떨는지. (2009년 1월 31일)

이인식의 멋진과학 092

약지 짧은 사람 주식 하면 쪽박?

 손가락은 그 이름이 다른 만큼 기능도 제각각이다. 첫째 손가락인 엄지는 아귀힘을 마련해 주므로 가장 중요하다. 둘째 손가락인 집게손가락은 총의 방아쇠를 당기고, 전화 다이얼을 돌리고, 영어 명칭(index finger)처럼 길을 가리키는 데 사용된다. 세 번째의 가운뎃손가락은 남근을 상징하는 성적 의미를 지니고 있다. 넷째 손가락인 약손가락은 한약을 저을 때 반드시 사용되며 상처를 토닥거리기만 해도 병을 고치는 효험이 있다고 여겨졌다. 또한 결혼반지를 끼는 손가락(ring finger)으로 불린다. 끝으로 새끼손가락은 귀를 후빌 때 쓰기에 알맞을 정도로 작다는 의미에서 귀손가락이라는 별명을 갖고 있다.
 손가락은 길이에 따라 가장 긴 가운뎃손가락부터 가장 짧은 엄지까

지 순위가 정해진 것 같지만 사람마다 집게손가락과 약손가락의 순위가 다른 것으로 나타났다. 영국 진화심리학자 존 매닝은 집게손가락(둘째 손가락)과 약손가락(넷째 손가락) 길이의 비율, 곧 '2대 4 비율'이 사람마다 다른 현상을 연구했다. 2008년 3월 펴낸 『손가락 책*The Finger Book*』에서 매닝은 대부분의 남자는 약손가락이 집게손가락보다 긴 반면, 여성들은 대개 두 손가락의 길이가 같다고 밝혔다. 2대 4 비율이 다른 까닭은 태아가 자궁 안에서 테스토스테론의 영향을 받기 때문인 것으로 알려졌다. 남성호르몬인 테스토스테론은 태아의 뇌와 생식기의 발달을 촉진하고 손가락의 성장에도 영향을 미친다. 따라서 자궁 안에서 테스토스테론에 많이 노출된 태아는 약손가락이 더 자라나게 되어 집게손가락보다 더 길어지게 되는 것이다.

매닝에 따르면 2대 4 비율이 낮은 사람들, 곧 약손가락이 긴 경우 수학이나 공학은 성적이 좋지 않지만 예술적 재능이 앞선다. 예컨대 영국 교향악단에서 직위가 높은 단원일수록 보통 사람보다 2대 4 비율이 낮은 것으로 밝혀졌다. 약손가락이 특별히 긴 남자들은 테스토스테론에 많이 노출된 결과 남성적으로 되어 품질이 좋은 정자를 만들고 상대적으로 아들을 더 많이 낳는다. 매닝은 시합을 앞둔 운동선수 중에서 약손가락이 가장 긴 사람이 우승할 확률이 높다는 예측을 텔레비전 방송에서 털어놓기도 했다. 한편 2대 4 비율이 높은 사람은 유아를 가르치거나 노인을 돌보는 일을 잘하며 심장질환과 불임의 위험이 더 높다.

약손가락이 긴 사람이 증권 거래에서 이익을 많이 남긴다는 연구 결

과도 나왔다. 영국 케임브리지대 재정학자 존 코트스는 『미 국립과학원 회보(PNAS)』 온라인판 1월 12일 자에 실린 보고서에서 성공적인 증권 거래업자는 경험 못지않게 천성이 중요한 것으로 밝혀졌다고 주장했다. 코트스는 런던의 증권업자 중에서 남자 44명에 대해 오른손의 집게손가락과 약손가락의 길이를 측정하고, 그들이 20개월 동안 기록한 손익 명세를 조사했다. 그 결과는 2대 4 비율이 현저하게 낮은 남자, 곧 약손가락이 집게손가락보다 훨씬 긴 사람이 6배 더 이익을 챙긴 것으로 나타났다. 자궁에서 테스토스테론에 많이 노출된 사람일수록 증권 거래에 뛰어난 것으로 밝혀진 셈이다. 이는 돈 버는 재주가 경험을 통해 습득되기도 하지만 타고나는 측면도 있음을 보여 준다.
(2009년 2월 7일)

군중을 조종하는 법

히틀러 같은 독재자들은 광장을 가득 메운 병사들이 행진하는 모습을 응시하면서 회심의 미소를 짓는다. 교회에서는 신도들이 함께 찬송가를 부르는 순서를 빠뜨리지 않는다. 많은 사람들이 동시에 행진하고 노래하고 춤을 추면 상호 간의 심리적 경계를 허무는 긍정적 감정이 솟아나서 서로 협동하게 되는 것으로 여겨진다. 지난 1월 행진이나 합창처럼 동시에 진행되는 단체 행동은 집단에의 충성심을 강화시킨다는 연구 논문 두 편이 심리학과 신경과학 전문지에 각각 발표되었다.

미국 스탠퍼드대 조직행동학자 스콧 월터머스는 『심리과학Psychological Science』 1월호에 여러 사람이 동시에 행동할 때 발생하는 신체적 동시성(physical synchrony)이 집단의 결속을 강화하여 협동심을 증대시킨다는 연구 결과를 발표했다. 월터머스는 평균 21세의 남자보다 여자가 약간 많은 96명을 신체적 동시성이 각각 다르게 나타나는 네 집단으로 나누었다. 실험 대상자는 모두 플라스틱 컵을 만지면서 음악을 들었다. 첫 번째 집단은 컵을 탁자 위에 올려놓고 노래만 들었다. 이를테면 노래도 하지 않고 움직이지도 않았다. 두 번째 집단은 컵을 움직이지 않고 노래만 했다. 세 번째 집단은 노래를 부르며 곡조에 맞추어 컵을 함께 움직였다. 동시에 노래하고 움직인 셈이다. 네 번째 집단은 제멋대로 노래하고 컵을 아무렇게나 움직였다. 실험 대상자에게 집단 내에서 다른 구성원에게 어떤 느낌을 받았으며 그들을 얼마나 신뢰하고 동질감을 느꼈는지 질문한 결과 신체적 동시성이 발생하는 두 번

째와 세 번째 집단에서 나머지 집단보다 협동심이 높게 나타난 것으로 밝혀졌다. 이 연구는 독재자들이 행진과 합창으로 군중심리를 조종하여 맹목적인 충성심을 끌어내는 데 성공한 이유를 설명해 준다.

한편 네덜란드 인지과학자 바실리 클루차레브는 격주간 『뉴런Neuron』 1월 15일 자에 뇌 안에서 집단행동에 동조화(conformity) 하는 메커니즘을 밝혀냈다는 연구 결과를 발표했다. 클루차레브는 여자 24명에게 다른 여자 200여 명의 매력을 평가해 줄 것을 요청했다. 실험 대상자들은 자신의 평가가 다른 사람들의 평가와 다를 때 일치시키려고 노력했다. 이들의 뇌를 기능성 자기공명영상(fMRI) 장치로 들여다보고 사회적 동조화를 시도할 때 도파민이 다량으로 분비되는 것을 확인했다. 신경전달물질인 도파민은 어떤 일을 성취하거나 섹스를 할 때처럼 쾌감과 행복감을 느끼면 분비된다. 이 연구는 사회적 동조화의 신경과학적 근거를 밝힌 성과로 평가된다.

사람이 군중심리에 휩쓸리는 까닭을 거울뉴런(mirror neuron)에서 찾는 견해도 있다. 거울뉴런은 남의 행동을 보기만 해도 자신이 그 행동을 할 때와 똑같은 반응을 나타내는 신경세포이다. 남의 행동을 그대로 비추는 거울 같다는 뜻에서 붙여진 이름이다. 거울뉴런 덕분에 누가 하품을 하면 따라 하고 영화 주인공이 울면 감정이입이 되어 훌쩍거리게 된다. 미국 신경과학자 마르코 야코보니는 2008년 5월 펴낸 『뇌의 거울 Mirroring People』에서 인간의 모방 행위는 거울뉴런에서 비롯된다고 주장했다. 인간은 어쩌면 군중의 행동을 자동적으로 복사할 수밖에 없는 존재인지 모른다. (2009년 2월 14일)

이인식의 멋진과학 094

짝짓기 지능 지수

다윈의 진화론으로 사람의 마음을 설명하는 진화심리학은 기본적으로 모든 인간의 마음이 보편적인 특성을 공유하고 있다고 전제한다.

그러나 한 가지 결정적인 예외는 불가피하게 인정한다. 진화심리학자들은 남녀의 성 역할이 다르기 때문에 진화 과정에서 남녀의 마음이 다르게 형성되었다고 본다. 따라서 자연선택보다는 성적 선택으로 접근하여 짝짓기 심리를 분석한다.

다윈은 1859년 자연선택 이론을, 1871년 성적 선택 개념을 내놓았다. 다윈은 수컷의 고환이나 암컷의 난소처럼 생식에 직접적으로 필요한 신체적 특징은 1차 성징이라 부르고 이러한 암수의 차이는 자연선택에 의해 진화된 것으로 설명했다.

그러나 남자의 수염처럼 한쪽 성에만 나타나는 2차 성징은 생식에 필요한 것이 아니므로 자연선택과는 거리가 멀다. 다윈은 이 딜레마를 해결하기 위해 성적 선택을 제안한 것이다. 2차 성징은 생존경쟁보다는 짝짓기 경쟁에서 진화된 형질이라는 뜻이다.

성적 선택 이론으로 인간의 마음을 분석하여 성과를 거둔 대표적인 소장학자는 미국 뉴멕시코대의 제프리 밀러이다. 2000년 4월 펴낸 『짝짓기 하는 마음 The Mating Mind』에서 밀러는 사람 마음의 독특한 여러 능력들, 이를테면 예술, 창의성, 도덕성 등은 우리 조상이 짝을 고르는 과정에서 진화되었다고 주장하였다.

2007년 7월 밀러는 뉴욕 주립대 사회심리학자 글렌 게어와 함께 『짝짓기 지능 Mating Intelligence』을 엮어 냈다. 게어와 밀러에 따르면 짝짓기 지능(MI)은 '인간의 짝짓기, 섹슈얼리티, 남녀가 정을 통하고 있는 관계 등에 적용되는 인지 과정'이다.

짝짓기 지능은 정서 지능과 깊은 관련이 있다. 1990년 도입된 개념인 정서 지능은 타인의 정서를 지각하고 이해하여 자신의 사고와 행동에 보탬이 되도록 활용하는 능력을 뜻한다. 인간의 짝짓기는 인간 정서의 거의 모든 영역, 예컨대 욕망, 사랑, 행복, 질투, 쾌락, 고통 따위와 관련된다.

따라서 짝짓기 지능과 정서 지능은 불가분의 관계에 있는 것이다. 짝짓기 지능은 사회 지능과도 관련이 있다. 사회 지능은 타인을 믿음과 욕망을 가진 존재로 이해하는 능력을 의미한다. 성공적인 짝짓기를 하려면 무엇보다 상대방의 마음을 읽는 능력이 중요하기 때문에 짝짓기 지능과 사회 지능이 서로 관련된다고 보는 것이다.

　짝짓기 지능을 연구하는 학자들에 따르면 남녀의 로맨틱한 사랑은 상대방은 물론 자기 자신을 속이는 고도의 지능적인 게임이다. 사랑을 하게 되면 누구나 능숙한 거짓말쟁이가 된다는 뜻이다.
　짝짓기 지능의 상징적인 사례로는 클린턴 성 추문 사건이 손꼽힌다. 1995년 어느 날 머리 좋은 정치인으로 소문난 클린턴이 일개 임시 직원인 르윈스키와 몇 초간의 짧은 성적 절정감을 즐기기 위해 백악관 집무실에서 야릇한 성행위에 탐닉한 사실은 짝짓기 지능의 연구 주제로 안성맞춤이다.
　사건 당시 클린턴은 49세, 르윈스키는 22세, 부인 힐러리는 48세였다. 중년 남자가 폐경이 임박한 아내 몰래 풋풋한 아가씨와 놀아났기 때문에 클린턴은 짝짓기 지능 지수가 만만치 않음을 유감없이 과시한 것으로 여겨진다. (2009년 2월 21일)

이인식의 멋진과학 095
종교는 왜 생겼을까

사람이 곤경에 처했을 때 종교나 미신을 믿는 것은 인지상정이다. 1929년 미국에서 시작된 세계 대공황 동안 사회단체가 대부분 붕괴되었으나 가장 권위주의적인 교회만은 오히려 신도 수가 급격히 늘어난 것으로 밝혀졌다. 가장 위험한 상황에 놓인 사람들, 예컨대 잠수부나 스카이다이버 또는 중동 지역의 주민들은 유달리 미신이나 주술에 현혹되기 쉽다는 연구 결과도 발표되었다.

종교나 미신에 빠져드는 사람이 많은 것은 그만큼 인간의 마음이 불합리한 속성을 지니고 있다는 증거이다. 영국 주간지 『뉴 사이언티스트』 2월 7일 자의 커버스토리에 따르면 세계 인구의 84퍼센트가 종교를 믿고 있는 것으로 나타났다. 종교가 언어나 음악처럼 모든 문화에 깊숙이 뿌리를 내리고 있음에 따라 종교적 믿음을 인간 본성의 일부로 여기게끔 되었다. 최근에는 과학자들이 종교적 믿음의 기원에 대한 연구를 활발히 전개하고 있다. 종교의 기원을 설명하는 이론은 두 가지가 맞서 있다.

하나는 종교를 인류의 진화 과정에서 비롯된 적응의 산물로 간주하는 이론이다. 찰스 다윈의 자연선택 이론에 따르면 생물이 자신의 집단 안에서 경쟁하는 다른 개체보다 생존 가능성이 더 높은 자손을 더 많이 생산하기 위해서는 변화하는 환경에 적응하는 능력을 갖지 않으면 안 된다. 종교를 이러한 적응의 산물로 간주하는 과학자들은 수렵채집 사회에서 종교적 믿음을 공유한 집단일수록 결속되어 협동했기 때문에 생존경쟁에서 다른 집단을 압도했다고 주장한다. 적응 이론 주창자인 영국 리버풀대 진화심리학자 로빈 던바는 진화에 의해 종교가 자연선택 되었으며 결국 모든 인류 사회에 퍼져 나가게 된 것이라고 설명한다.

다른 하나는 종교를 사람의 마음에서 저절로 출현한 부산물로 보는 이론이다. 사람의 뇌 안에 종교를 믿는 인지능력이 내재되어 있다는 이론을 지지하는 학자들은 다양한 주장을 펼치고 있다. 예일대 심리학자 폴 블룸은 모든 사람의 뇌 안에는 종교를 믿는 신경회로가 형성되어 있다고 말한다. 미시간대 인류학자 스콧 애트랜은 인류의 뇌 안에 초자연적 존재를 믿는 특유의 인지능력이 들어 있다고 주장한다. 옥스퍼드대 인류학자 저스틴 바렛은 마음이 작용하는 방식 때문에 세계의 모든 어린이들이 신을 믿는 성향을 갖고 있다고 말한다. 종교를 사람 뇌에서 자연스럽게 출현한 부산물로 보는 학자들은 어린이들을

대상으로 다양한 실험을 실시하여 그 증거를 찾고 있다. 옥스퍼드대의 올리베라 페트로비치는 식물이나 동물 같은 생물의 기원에 관해 질문했는데, 사람보다 신에 의해 만들어졌다고 응답한 아이들이 일곱 배나 많았다. 어린이들이 스스로 신의 개념을 궁리해 내는 인지능력을 타고난 것으로 밝혀진 셈이다.

  종교를 자연선택의 결과로 보건 마음의 부산물로 보건 한 가지 공통점은 인간이 태어날 때부터 종교를 믿을 준비가 되어 있는 존재라고 여기는 것이다.

  인간은 어려울수록 종교를 찾게 마련이다. 2007년 발표된 보고서에 따르면 미국에서 경제가 어려워질 때마다 복음교회의 성장 속도가 50퍼센트 껑충 뛰었다고 한다. 최근의 세계적 경기 불황으로 종교와 미신 모두 호황을 누릴 전망이다. (2009년 2월 28일)

이인식의 멋진과학 096

뇌를 젊게 하는 방법

　나이 들면 머리가 굳어진다고 생각하기 마련이다. 한번 늙어 버린 뇌에서는 새로운 신경세포가 생길 수 없다고 여기기 때문이다. 하지만 새로운 세포를 만들어 내는 신경발생(neurogenesis)은 성인 뇌의 정상적인 특성인 것으로 밝혀졌다. 그러나 늙은 뇌에 새로 생긴 세포는 대부분 곧장 죽고 만다. 격월간 『사이언티픽 아메리칸 마인드』 2월호에는 새로운 신경세포를 오래 생존시켜 뇌의 기능을 끌어올리는 방법 여섯 가지가 소개되어 있다.
　①운동 : 운동을 하면 뇌로 흘러들어 가는 혈액의 양이 증가한다. 핏속의 산소와 영양소는 신경세포의 활동에 큰 도움이 된다. 또한 운동은 뇌의 인지 기능을 향상시키므로 치매 예방 효과가 높다. 노인의 경우 하루에 20분 정도 걷기만 해도 뇌 기능을 유지할 수 있다는 연구

결과가 나왔다.

②음식 : 사람 뇌는 몸이 사용하는 에너지의 20퍼센트를 소모하므로 영양을 충분히 섭취하지 않으면 뇌 기능이 약화된다. 뇌 기능 증진에 도움이 되는 음식으로는 불포화지방산과 산화방지제가 함유된 식품이 꼽힌다. 불포화지방산 중에서는 오메가3가 기억 능력을 향상시킬 뿐 아니라 우울증, 치매, 주의력결핍장애 따위의 정신질환에 걸릴 확률을 낮춰 준다. 오메가3지방산은 고등어나 참치 같은 등 푸른 생선이나 들기름, 견과류에 많다. 한편 산화방지제는 뇌의 노화를 예방하고 기억력을 증진시키므로 야채, 식물성 유지, 견과류 등을 많이 섭취할 필요가 있다.

③흥분제 : 신경계의 활동을 자극하고 혈압, 심장박동, 호흡을 끌어올리는 물질을 흥분제(stimulant)라고 한다. 대표적인 것은 카페인이다. 카페인은 차의 잎, 커피의 열매나 잎, 콜라 열매, 카카오나무에 함유되어 있다. 카페인은 커피를 통해 가장 많이 섭취된다. 하루에 커피를 4~5잔 마시지 않으면 기분이 울적하다는 사람이 적지 않다. 그러나 카페인은 대량으로 섭취하면 중독될 수도 있다.

④비디오 게임 : 전자오락 게임이 청소년의 폭력성을 조장한다는 주장은 많은 사람의 지지를 받고 있다. 하지만 비디오 게임이 사람의 생명을 구하는 데 도움이 된다는 주장도 있다. 일주일에 몇 시간씩 비디오 게임을 한 외과 의사는 그렇지 않은 의사보다 수술실에서 30퍼센트 정도 실수를 적게 하기 때문이다. 비디오 게임을 하면 정신적으로 여러 기능이 향상된다는 연구 결과도 나왔다.

　⑤음악 : 아름다운 노래를 들으면 뇌에서 무엇보다 편도체의 활동이 억제되는 것으로 알려졌다. 편도체는 공포와 경계심을 일으키는 부위이다. 요컨대 음악을 들으면 공포감이 줄어든다. 음악은 불안감과 불면증을 완화하고 혈압을 낮추며 치매 환자의 치료에 도움이 된다. 또한 음악은 뇌의 기능을 여러모로 향상시키는 것으로 알려졌다.

　⑥명상 : 수행자들이 명상을 하는 동안 신체 변화가 일어난다는 사실이 밝혀졌으며 뇌 활동에도 변화가 발생하는 것으로 확인되었다. 명상은 스트레스를 줄여 주기 때문에 우울증, 과민반응, 주의력결핍장애 같은 질환을 치유하는 데 활용된다.

　적절한 운동, 머리에 좋은 음식, 적당한 양의 카페인, 건전한 비디오 게임, 아름다운 음악, 규칙적인 명상으로 늙어 가는 뇌에 생기를 불어 넣을 수 있다. (2009년 3월 7일)

이인식의 멋진과학 097
자살은 누가 하는가

　지구의 어느 곳에선가 40초마다 한 사람이 스스로 목숨을 끊고 있다. 전 세계적으로 자살은 사망 원인의 1.5퍼센트를 차지하며 자살자는 매년 100만 명가량 된다. 특히 15~24세의 경우 자살은 교통사고에 이어 두 번째 사망 원인으로 알려졌다. 여자가 남자보다 더 많이 자살을 기도하지만 성공하는 비율은 남자가 여자보다 훨씬 높다.
　자살하는 이유에 대해서는 여러 이론이 나와 있다. 사회학 창시자인 프랑스의 에밀 뒤르켐은 1897년 획기적 저서인 『자살론』에서 개인이 사회 적응에 실패하면 자살 가능성이 높다고 주장한 반면에 오스트리아의 정신분석학자 지그문트 프로이트는 1920년 펴낸 『쾌락의 원칙을 넘어서』에서 모든 인간은 자기를 파괴하려는 충동을 타고나기 때문에 자살을 하게 된다고 설명했다.

　자살 행위자는 대부분 정서적으로 불안하고 자포자기 상태에 빠져 있다. 따라서 우울증이나 정신분열증과 같은 정신적 장애를 자살의 원인으로 꼽는다. 하지만 자살에 관한 어느 이론도 가장 근본적인 질문, 곧 거의 비슷한 상황에서 누구는 자살하고 누구는 그렇지 않은 이유를 설명하지 못한다.

　이 문제의 해결에 나선 자살학 전문가는 미국 플로리다 주립대의 심리학자 토머스 조이너이다. 2005년 1월 펴낸『왜 사람은 자살하는가Why People Die By Suicide』에서 조이너는 자살 이론을 최초로 통합했다는 평가를 받는 특유의 이론을 제안했다.

　조이너는 우울증을 앓고 절망에 빠진 사람 중에서 자살하는 사람은 반드시 두 가지 조건을 충족시킨다고 주장했다. 하나는 죽음에 대한 확고한 의지를 갖고 있지 않고서는 자살할 수 없다는 것이다. 사회적으로 고립되었다고 느끼거나 남에게 부담스런 존재가 되었다고 여길 때 죽고 싶은 심정이 된다.

　다른 하나는 자살에 성공한 사람들은 스스로 목숨을 끊을 수 있는 능력을 갖고 있다는 것이다. 아무리 자살하고 싶어도 행동에 옮기기는 쉽지 않기 때문이다. 인간의 자기보존 본능이 그만큼 강력하다는 뜻이다.

　조이너에 따르면 자살을 원하는 사람들이 자기보존 본능을 억누르는 힘을 키우는 방법은 두 가지가 있다.

　하나는 자살의 뜻을 이룰 때까지 되풀이하는 것이다. 처음 자살을

기도하여 성공하는 경우는 드물고 평균적으로 20번은 행동에 옮겨야 뜻을 이룬다. 다른 하나는 고통스럽거나 섬뜩한 경험에 익숙해지는 것이다. 총을 맞아 보았거나 동료가 살해되는 장면을 목격한 군인이나 경찰은 자신의 죽음을 자연스럽게 받아들인다. 군인과 경찰은 보통 사람보다 자살 비율이 높게 나타났다. 의사들 역시 환자의 고통과 죽음을 지켜보면서 자신의 죽음을 떠올리게 되므로 자살 비율이 보통 사람보다 훨씬 높은 것으로 밝혀졌다. 조이너는 많은 사람들이 겁을 집어먹는 상황, 이를테면 사람이 죽어 가는 장면 앞에서도 감정의 동요를 일으키지 않는 심리 상태를 무감각(steeliness)이라 명명하고, 이러한 무감각을 나타내는 사람들이 자살을 하게 된다고 설명했다.

조이너는 사회적으로 소외감을 느끼면서 고통에 무감각한 사람일수록 자살할 가능성이 높으므로 주변에서 자살할 만한 사람을 가려낼 수 있다고 주장한다. 경제가 어려운 요즈음 귀 기울일 만한 주장이 아닌가 싶다. (2009년 3월 14일)

동양과 서양의 사고방식 차이

　동양 사람과 서양 사람은 사고방식과 세계관이 다르다고 한다. 한마디로 서양인은 분석적인 반면에 동양인은 전일적(全一的)이라는 것이다. 서양인의 세계관은 사물을 간단한 구성 요소로 나누어 이해하면 그것들을 종합하여 전체를 이해할 수 있다는 환원주의(reductionism)에 뿌리를 둔 반면에 동양인의 세계관은 사물을 구성 요소의 합계가 아니라 하나의 통합된 전체로 이해하는 전일주의(holism)의 지배를 받고 있다. 이러한 극단적인 차이는 역사적 요인으로부터 비롯된 것으로 여겨진다. 고대 중국의 거대한 농업사회는 농부들의 협동을 요구했으므로 전체를 먼저 생각하는 집단주의와 전일주의가 팽배했으나 고대 그리스의 도시국가에서는 개인의 독자적인 사회 활동이 불가피했으므로 개인주의와 환원주의가 싹튼 것으로 분석된다.

　서양인은 개인주의적이며 동양인은 집단주의적이라는 고정관념은 오랫동안 상식으로 받아들여졌다. 하지만 심리학자들에 의해 이러한 이분법에 문제가 적지 않다는 사실이 밝혀지고 있다.
　미국 텍사스대의 아서 마크맨은 사회적 고립이 서양인의 사고에 미치는 영향을 분석했다. 동양인의 세계관은 사회집단으로부터 격리되는 것이 두려워 집단의 목적에 동조하고 대인 관계를 중시하는 과정에서 비롯되었다고 보았기 때문이다. 2005년 『실험사회심리학 저널Journal of Experimental Social Psychology』 온라인판 8월 29일 자에 실린 논문에서 마크맨은 미국 대학생을 대상으로 실시한 실험 결과 사회적 추방에 대해 동부 아시아 사람들과 비슷한 반응을 나타냈다고 보고했다.
　미국 미시간대의 리처드 니스벳은 역사적 배경이나 지리적 조건보다는 국부적인 사회적 요인이 사고방식 형성에 미치는 영향을 연구했다. 니스벳은 터키의 북해 지역에 거주하는 농부, 어부, 목부 등 3개 공동체를 대상으로 사고방식을 분석했다. 이들은 언어나 혈통이 같았으며 단지 생계를 꾸리는 방법만이 달랐다. 농부와 어부는 서로 협동을 했지만 목부는 이동을 자주 하며 독립적인 삶을 살았다. 2008년 『미 국립과학원 회보(PNAS)』 6월 24일 자에 발표한 논문에서 니스벳은 농부와 어부가 목부보다 좀 더 전일적인 사고 체계를 가진 것으로 나타났다고 보고했다. 요컨대 핏줄이 같은 사람끼리도 직업만 다르면 사고방식이 다를 수 있음을 보여 준 셈이다. 이 연구 결과는 동서양 사람들의 세계관을 서로 상반된 것으로 보는 고정관념에 잘못이 있음을 암시한다.

서양인이 반드시 분석적 사고를, 동양인이 반드시 전일적 사고를 하도록 뇌가 형성되어 있는지 연구한 결과도 발표되었다. 미국 매사추세츠 공대의 트레이 헤든은 미국인과 동부 아시아인을 대상으로 뇌 영상 기술로 실험을 실시했다. 2008년 『심리과학』 1월호에 발표한 논문에서 헤든은 미국인과 아시아인의 뇌에서 동일한 영역이 동일한 반응을 나타냈다고 보고했다.

여러 연구 결과는 한결같이 동양인이건 서양인이건 사회적 요인에 따라 때로는 분석적이고 때로는 전일적인 사고를 하고 있음을 보여 준다.

누구나 두 가지 방식으로 생각을 한다는 것이다. 단지 자신이 속한 사회의 여건에 따라 어느 한쪽의 성향을 좀 더 강하게 나타낼 뿐이다. 서양의 환원주의와 동양의 전일주의를 융합한 세계관을 가져야 할 것 같다. (2009년 3월 21일)

이인식의 멋진과학 099

거짓말은 영원하다

　인간은 타고난 거짓말쟁이라고 한다. 미국 작가 마크 트웨인의 말마따나 "모든 사람이 거짓말을 한다. 날마다, 자나 깨나, 꿈속에서도, 기쁠 때도, 슬플 때도." 우리가 매일 나누는 대화 중에서 3분의 1이 거짓말이라는 주장도 있다. 누구나 거짓말을 밥 먹듯이 하는 가장 큰 이유는 거짓말이 도움이 된다고 여기기 때문이다. 예컨대 미장원에 다녀온 아내를 보고 예쁘다고 빈말의 칭찬을 안 할 만큼 간 큰 남편이 있겠는가.
　거짓말을 하는 사람들은 여러 가지 단서를 드러낸다. 이를테면 피노키오는 거짓말을 하면 코가 점점 더 자라난다. 빌 클린턴은 모니카 르윈스키와의 성 추문에 대해 허위 진술을 하면서 평균 4분에 한 번꼴로

코를 만졌다. 클린턴은 거짓말을 지껄일 때 콧속 혈관으로 피가 몰려 간지러움을 느꼈기 때문에 코를 문질렀다는 분석도 있다.

어쨌거나 피노키오와 클린턴의 코처럼 거짓말쟁이는 신체적 반응을 나타낸다는 전제하에 1920년대에 개발된 장치가 거짓말 탐지기로 알려진 폴리그래프(Polygraph)이다. 맥박, 혈압, 호흡 따위의 생리적 변화를 측정해 거짓말 여부를 가려내기 때문에 폴리그래프 조사의 신뢰성에 대한 시비가 끊이지 않는다.

정서 반응에 의존하는 폴리그래프와 달리 인지 과정을 이용하는 방법이 모색되었다. 1959년 미국 미네소타대 심리학자 데이비드 라이켄은 유죄 지식 검사(Guilty Knowledge Test)를 제안했다. 범죄를 저지른 사람은 뇌 안에 범행과 관련된 정보가 저장되어 있을 터이므로 다양한

질문을 던져 유죄의 단서를 찾아내려는 방법이다. 그러나 심문 기법의 본질적 한계를 지닌 것으로 평가된다.

한편 뇌 안에서 거짓말과 관련된 생리적 반응을 찾아내려는 연구도 활발히 전개되었다. 미국의 로렌스 파웰은 뇌 지문 감식(brain fingerprinting) 기법을 제안했다. 피검사자의 머리 위에 미세전극이 내장된 장치를 씌우고 범죄 장면을 컴퓨터 화면으로 보여 주면서 뇌의 반응을 검사하는 방법이다. 뇌는 익숙한 그림이나 글자를 지각할 때 P300이라고 명명된 뇌파가 발생된다. 요컨대 이 뇌파의 존재 유무로 범인 여부를 가려낸다. 1991년 『정신생리학Psychophysiology』에 발표되었을 때는 별다른 주목을 받지 못했으나 2001년 P300 조사 결과에 의해 살인죄로 종신형을 살던 흑인의 무죄를 주장하여 세계 언론에 대서특필되었다.

기능성 자기공명영상 장치를 사용하여 거짓말을 할 때 뇌 안에서 일어나는 반응을 분석하는 연구도 진행되고 있다. 2002년 미국 펜실베이니아대 정신의학자 대니얼 랭글벤은 『신경영상NeuroImage』 3월호에 발표한 논문에서 참말과 거짓말을 할 때 뇌의 여러 부위에서 반응이 다르게 나타났다고 보고했다. 2005년 미국 텍사스대 정신의학자 앤드루 코젤은 『생물정신의학Biological Psychiatry』 10월 15일 자에 거짓말할 때 뇌의 전두대상피질(ACC: anterior cingulate cortex)이 활성화된다는 논문을 발표했다. 하지만 어떠한 거짓말 탐지 기술도 아직까지 완벽하게 참말과 거짓말을 가려내지 못하고 있다. 거짓말 탐지 기법이 제아무리 발달해도 거짓말쟁이는 영원히 사라지지 않을 것이다. (2009년 3월 28일)

이인식의 멋진과학 100

잘 노는 것도 중요하다

　미국 정신의학자 스튜어트 브라운은 살인범 26명을 면접하고 두 가지 공통점을 찾아냈다. 하나는 결손가정 출신이었으며, 다른 하나는 어린 시절에 결코 뛰어놀아 본 적이 없었다. 1966년부터 40년 넘게 6,000명의 어린 시절을 연구한 브라운은 자유놀이(free play)를 해 보지 않은 아이들은 어른이 된 뒤 사회에 제대로 적응하지 못한다는 사실을 밝혀냈다. 자유놀이는 운동경기처럼 정해진 규칙에 따르는 놀이와 달리 여러 사람이 제멋대로 노는 것을 뜻한다.

　대부분의 동물은 놀 줄 모른다. 까치와 까마귀처럼 큰 뇌를 가진 새들을 제외하고 놀기 좋아하는 동물은 포유류뿐이다. 왜냐하면 놀이는 위험하고 에너지 소모가 많기 때문이다. 가령 물개의 새끼는 80퍼센트가 재미있게 놀다가 포식자가 접근하는 것을 눈치채지 못해 잡아먹힌다. 따라서 놀이가 진화된 이유가 궁금할 수밖에 없다.

 2008년 「뉴욕 타임스 매거진」 2월 17일 자 커버스토리는 놀이를 다루면서 몇 가지 이론을 소개했다. 가장 인기 있는 것은 준비 이론이다. 어린 동물이 놀이를 통해 어른이 되었을 때 필요한 근육과 지구력을 발달시키고, 짝짓기와 먹이 사냥 따위에 사용될 기량을 몸에 익힐 수 있으므로 사람을 비롯한 포유동물이 놀기 좋아하는 특성을 타고난 것이라는 주장이다. 준비 이론에 맞서는 것은 놀이가 뇌의 성장에 기여한다는 견해이다.

 생물학자들은 놀이를 하는 동물일수록 지능이 뛰어나다는 사실에 주목하고 포유동물을 연구한 결과 몸 크기에 견주어 상대적으로 뇌가 큰 동물들이 더 잘 노는 경향이 있음이 밝혀졌다. 큰 뇌가 작은 뇌보다 자극에 민감하기 때문에 어른의 뇌로 제대로 성장하기 위해서는 어

릴 적에 더 많은 놀이가 필요해서 놀이가 진화되었을 가능성이 높다고 보는 것이다.

2001년 미국 콜로라도대 진화생물학자 마크 베코프는 『의식 연구 저널Journal of Consciousness Studies』에 발표한 논문에서 뇌의 많은 부위가 놀이와 관련되며 놀이는 예상외로 높은 인지능력이 요구되는 행위라고 주장했다. 놀이를 잘하려면 상대방을 파악해서 규칙에 따라 행동하지 않으면 안 되기 때문이다.

특히 자유놀이는 규칙이 정해진 운동경기보다 훨씬 더 창의적인 반응을 요구하므로 뇌의 발육에 훨씬 더 영향을 미치는 것으로 밝혀졌다. 격월간 『사이언티픽 아메리칸 마인드』 2월호 커버스토리에서 미국 미네소타대 교육심리학자 앤소니 펠레그리니는 자유놀이를 하는 동안 어린이들은 상상력을 총동원할 뿐만 아니라 친구와 의사소통하는 능력과 함께 공명정대하게 행동하는 기술을 습득하게 된다고 주장했다. 요컨대 어린이들은 자유놀이를 통해 사회에 적응하는 방법을 배우고 문제해결과 같은 인지능력을 키울 수 있게 된다. 한마디로 잘 노는 아이일수록 정신적으로 건강하고 창의력이 뛰어난 성인으로 성장할 개연성이 높다는 것이다.

오늘날 대부분의 어린이들은 자유놀이 시간을 빼앗긴 상태이다. 극성맞은 어머니들은 아이들을 학원으로 내몰아 마음껏 뛰어놀 기회를 박탈하고 있다. 많은 심리학자들은 아이의 지능 개발을 위해 공부 못지않게 자유놀이가 중요하므로 성공한 사회인으로 성장하기를 바란다면 놀이 시간을 충분히 배려할 것을 당부한다. (2009년 4월 4일)

이인식의 멋진과학 101

누가 섹스를 사는가

힘깨나 쓰는 사람들이 성 접대를 받거나 성매매를 한 사건이 시나브로 사회적 물의를 빚는다. 매춘에 대한 법적 규제는 나라마다 다르다. 독일, 네덜란드, 그리스, 뉴질랜드에서는 성매매가 합법화되어 있다. 독일 남자 4명 중 3명이 홍등가를 들락거리는 것으로 알려졌다.

우리처럼 성매매가 범죄인 나라에서도 매춘은 은밀히 이루어지고 있다. 미국 연방수사국(FBI)에 따르면 2007년 성매매 혐의로 구금된 사람은 7만 8,000명에 이른다. 2005년 미국 남자의 16퍼센트가 섹스를 돈으로 산다는 보고서가 나오기도 했다.

매춘이 불법이지만 사회적으로 용인되는 태국에서는 95퍼센트의 남자가 매춘부와 잠을 잤다는 통계도 발표되었다. 나라마다 다르지만 세계적으로 7~39퍼센트의 남자가 홍등가를 헤매는 것으로 추정된다.

여자를 돈으로 사는 사내들은 여느 남자와 다른 점이 거의 없는 것으로 밝혀졌다. 그들은 학교 교사나 변호사 같은 전문직부터 택시 기사나 공장 근로자까지 다양한 직업을 아우른다. 또한 성격적으로 문제가 있는 것도 아니다.

1994년 베를린 자유대 심리학자 디터 클레이버는 성매매를 한 남자 600명으로부터 아무런 성격장애를 발견하지 못했다는 보고서를 발표했다. 그들 대부분은 아내 또는 애인과 돈을 주지 않고도 얼마든지 섹스를 즐길 수 있기 때문에 돈이 들고 성병에 걸릴 위험이 높고 체포될 가능성이 많은 성매매를 즐기는 이유가 궁금하지 않을 수 없다.

성매매를 하는 남자는 섹스를 구매하는 동기에 따라 세 부류로 나뉜다. 첫째, 오로지 성적 욕구를 충족시키기 위해 여자를 찾는 부류이다. 이들은 매춘부와 다양한 성관계를 할 수 있으므로 아내나 애인으로부터 맛볼 수 없는 쾌락을 즐길 것으로 기대한다.

둘째, 매춘부로부터 정신적 위안을 얻으려는 부류이다. 이들은 아내나 애인과 원만한 관계를 유지하지 못해 항상 심리적으로 불안을 느끼는 사내들이다. 개중에는 매춘부와 신뢰하는 사이가 되었으며 로맨틱한 사랑을 느꼈다고 털어놓는 남자들도 있다.

클레이버에 따르면 이들은 매춘부를 매력적이고 지적인 여인으로 묘사하며 완벽한 이상형을 찾았다고 여긴다. 이런 상황에서 매춘부는 성행위 상대를 뛰어넘어 연인의 위치로 격상하게 된다. 요컨대 매춘부와 단골손님의 관계가 형성된다. 이들에게 아내나 애인은 거추장스러운 존재로 느껴질 수밖에 없다.

　셋째, 매춘부를 인격체로 취급하지 않고 일종의 소모품으로 여기는 부류이다. 두 번째 부류와 정반대의 남자들이다. 이들은 사회적으로나 신체적으로 약자인 여자들과 섹스를 하면서 정복감을 맛보려고 한다.
　여성에 대한 남성의 지배를 당연시하는 고정관념에 사로잡힌 이들은 여자의 육체를 상품으로 생각하기 때문에 성 상납을 요구하고 성매매를 하는 것이다. 더욱이 인터넷에서 익명으로 섹스 상대를 손쉽게 만날 수 있게 됨에 따라 섹스를 상품으로 여기는 사람들은 갈수록 늘어날 전망이다.
　몸을 파는 일에 자발적으로 뛰어든 윤락녀는 많지 않다. 매춘은 여자가 아니라 남자가 만든 직업이다. 1999년 시행된 스웨덴 법률에서 섹스를 파는 여자는 무죄이지만 섹스를 사는 남자는 불법이라고 규정한 것은 아주 잘한 일 같다. (2009년 4월 11일)

이인식의 멋진과학 102

기도는 힘이 세다

    종교를 믿는 사람들이 기도할 때 뇌 안에서 일어나는 현상을 연구하여 국제적 명성을 얻은 대표적 학자는 미국 펜실베이니아대 신경과학자 앤드루 뉴버그이다. 그는 뇌 영상 기술을 사용하여 기도에 몰입하는 가톨릭교회 프란치스코회 수녀가 강렬한 종교적 체험을 하는 순간 뇌의 상태를 촬영했다.

    2001년 4월 출간한 『신은 왜 우리 곁을 떠나지 않는가Why God Won't Go Away』에서 뉴버그는 기도의 절정에 이르렀을 때 머리 꼭대기 아래에 위치한 두정엽 일부에서 기능이 현저히 저하되고, 이마 바로 뒤에 자리한 전두엽 오른쪽에서 활동이 증가되었다고 주장했다.

    지난 3월 하순 펴낸 『신은 당신의 뇌를 어떻게 바꾸는가How God Changes Your Brain』에서도 뉴버그는 동일한 주장을 펼치면서 기도를 오랫

동안 하면 뇌의 일부 구조가 영구적으로 바뀐다는 새로운 연구 결과를 내놓았다. 특히 전두엽이 두꺼워져서 기억 능력이 향상되는 것으로 나타났다.

우리는 성당이나 사찰 또는 집 안에서 기도를 하며 마음의 평화를 얻지만 무엇보다 가족과 자신의 행복과 건강을 기원한다. 1996년 시사 주간『타임』6월 24일 자 커버스토리에 따르면 미국인의 82퍼센트가 기도를 하면 병을 고칠 수 있다고 믿고 있으며, 하느님이 중환자를 치유하기 위해 때때로 개입한다고 여기는 사람은 73퍼센트에 이른다.

신앙생활이 건강에 유익하다는 연구 결과는 속속 발표되고 있다. 종교적 믿음이 질병 치유에 효험이 있다고 주장하는 대표적 이론가는 하버드 의대의 허버트 벤슨이다. 1996년 4월 펴낸『영원한 치유 Timeless Healing』에서 벤슨은 기도를 반복하면 이완 반응(relaxation response)을 불러일으키므로 건강에 도움이 된다고 주장했다. 1975년 그가 처음 개념을 정립한 이완 반응은 스트레스를 받을 때의 생리적 변화와 정반대가 되는 상태를 뜻한다.

2009년『타임』2월 23일 자 커버스토리는 기도가 건강에 긍정적 영향을 미친다는 연구 사례를 열거하고 있다. 미국 텍사스대 인구통계학자 로버트 흄머는 1992년부터 교회에 열심히 다니는 독실한 신자들의 건강 상태를 분석했다. 일주일에 한 번 교회에 나가는 신자는 교회와 담쌓고 사는 사람보다 특정 기간에 사망할 확률이 50퍼센트 낮은 것으로 조사되었다. 피츠버그 의대 외과 의사 대니얼 홀 역시 교회 신자가 보통 사람보다 2~3년 수명이 길다고 주장했다.

　미시간대의 사회학자이자 보건 전문가인 닐 크라우스는 1997년부터 교회 신자 1,500명을 대상으로 경제적 곤경에 처했을 때 어떻게 뚫고 나가는지를 연구했다. 특히 스트레스와 건강에 초점을 맞추었다. 크라우스는 자신의 처지를 탓하지 않고 감사하는 마음으로 기도하는 사람들이 건강한 삶을 누리고, 도움을 받는 쪽보다 주는 쪽이 더 건강하다는 사실을 확인했다.

　기도가 건강에 유익하다는 연구 결과가 잇따라 발표됨에 따라 환자 치료를 위해 종교가 한몫을 해야 한다는 목소리가 커지고 있다.

　이를테면 신부나 목사가 병원을 방문해서 환자와 함께 기도할 수 있는 제도가 마련되어야 한다는 것이다. 이런 발상에 대해 미국의 종교 지도자들은 환영하는 눈치이지만 의사들은 마뜩잖게 여기는 것으로 알려졌다. (2009년 4월 18일)

이인식의 멋진과학 103

대대로 가난한 사람들

 가난이 대물림되어 서러워하는 사람이 아직도 우리 주변에 적지 않다. 부자의 자손들이 잘사는 것이야 문제 삼을 일이 아니지만 가난한 부모를 둔 탓에 평생 동안 밑바닥 삶을 꾸려 나가는 사람들이 많다면 사회문제가 아닐 수 없다.
 사회학자들은 가난한 집안의 자식들이 가난하게 사는 원인을 다각도로 분석했다. 카를 마르크스는 『자본론』(1867)에서 가난은 개인적인 문제가 아니라고 주장했다. 그는 노동자가 자신의 보수를 능가하는 가치를 생산하고서도 이 잉여가치를 자본가에게 착취당하고 있다고 본 것이다.
 1959년 미국 인류학자 오스카 루이스(1914~1970)는 '빈곤의 문화'

(culture of poverty)라는 이론을 제시했다. 루이스는 가난이 대물림되는 것은 사회적 요인보다는 개인이 속한 집단의 문화 때문이라고 강조했다. 그러나 사회학자들의 어느 이론도 완벽한 설명을 하지 못했다.

이런 상황에서 획기적 돌파구를 마련한 것으로 평가되는 이론이 인지신경과학자에 의해 발표되었다. 인지신경과학은 지각, 언어, 기억, 학습과 같은 인지 기능이 뇌의 신경회로에서 발생하는 메커니즘을 탐구하는 분야이다. 미국 펜실베이니아대 마사 파라는 어린 시절 가난이 인지능력의 발달을 저해하여 성인이 된 뒤 사회경제적 지위(SES)에 부정적 영향을 미친다는 이론을 내놓았다.

2006년 『뇌 연구 Brain Research』 9월 19일 자에 실린 논문에서 파라는 궁핍한 가정에서 자란 아이의 작업 기억(working memory)이 중산층 자녀보다 용량이 작은 것으로 나타났다고 주장했다. 작업 기억은 장기를 둘 때 말들을 움직이는 방법을 아는 것처럼 당면한 과제와 관련된 정보를 기억하는 능력이다. 작업 기억은 언어의 이해, 읽기, 문제해결에 결정적인 능력이다. 파라에 따르면 가난한 어린이는 열악한 환경에서 뇌가 제대로 발육하지 못해 어른이 되어서도 중산층 가정 출신과의 경쟁에서 패배하여 결국 사회경제적으로 하위 계층에 머물 수밖에 없는 것이다.

파라의 획기적인 연구 결과는 코넬대의 게리 에반스와 미셸 샘버그에 의해 이론적 타당성이 확인되었다. 두 사람은 가난한 어린이들의 뇌 기능 발육에 영향을 미치는 요인을 밝혀내기 위해서 백인 남녀가 엇비슷하게 섞인 195명을 대상으로 연구를 했다. 실험 대상자들이 평

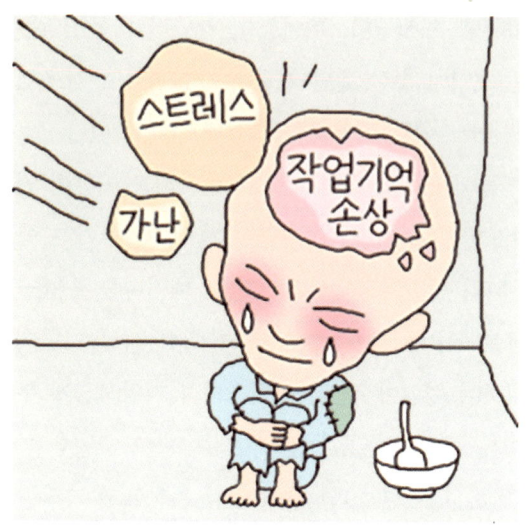

생 동안 받는 스트레스의 양을 측정하기 위해 혈압, 비만, 스트레스 호르몬 등을 조합한 지수의 값을 측정했다. 이 지수의 값이 높은 사람은 스트레스가 많은 생활을 한 것으로 평가된다.

연구 결과 궁핍한 어린 시절을 보낸 사람들이 중산층 가정 출신보다 이 지수가 더 높게 나타났다. 작업 기억의 용량 역시 차이가 났다. 중산층 출신의 작업 기억은 평균 9.4건을 보유하지만 빈곤층 출신은 8.5건에 머물렀다. 두 가지 연구 결과에서 가난한 사람은 어린 시절 스트레스를 많이 받아 작업 기억이 손상당한 것이라는 결론이 도출되었다. 2009년 『미 국립과학원 회보(PNAS)』 온라인판 3월 30일 자에 발표한 논문에서 가난이 대물림되는 까닭은 어린 시절 받은 스트레스 때문이라고 주장했다.

사회 밑바닥의 사람들은 일상적으로 스트레스에 시달린다. 대대로 가난한 서민들이 스트레스를 극복하도록 도와주는 사회적 장치는 어떤 것이 있을까. (2009년 4월 25일)

이인식의 멋진과학 104

불황의 진짜 원인

　세계적 경제 침체가 쉽게 호전될 기미를 보이지 않음에 따라 행동경제학에 대한 관심이 부쩍 늘어나는 추세이다. 경제학에 인지심리학이 융합된 행동경제학은 주류 경제학의 표준 모델인 경제적 인간(Homo economicus)을 수용하지 않는다.
　호모 에코노미쿠스는 두 가지 조건을 갖춘 존재이다. 첫째 타인을 배려하지 않고 오로지 자신의 물질적 이익만을 최대화하려는 인간이며, 둘째 자신에게 돌아오는 경제적 가치(효용)를 극대화하기 위해 합리적인 판단을 하는 인간이다. 말하자면 신고전파 경제학은 경제주체가 이기적이며 완전히 합리적인 존재라고 전제한다. 그러나 1979년 태동한 행동경제학은 인간의 합리성을 인정하지 않으며 인간이 실제로 어떻게 선택하고 행동하는지 고찰한다.

2008년 행동경제학 서적이 잇따라 출간되었다. 2월 댄 애리얼리의 『상식 밖의 경제학Predictably Irrational』, 4월 리처드 탈러(세일러)의 『팔꿈치로 슬쩍 찌르기Nudge』, 6월 오리 브래프먼의 『편향Sway』이 나왔다. 이 책들을 훑어보면 인간이 얼마나 불합리한 행동을 일삼는지 금방 알 수 있다.

행동경제학의 유망주로 떠오른 애리얼리는 그의 출세작에서 쇼핑, 폭식, 음주, 섹스, 게으름, 부정행위 등 일상적인 행동을 분석한 실험 결과를 소개하고 결국 인간이 비이성적 존재임을 부각시켰다.

지난 1월 말 미시간대 심리학자 피터 우벨이 펴낸 『자유시장 광기Free Market Madness』 역시 행동경제학의 맥락에서 인간 본성의 불합리한

측면을 보여 준다. 이 책에서 우벨은 미국 경제 불황의 원인으로 인간의 불합리한 성향과 함께 탐욕을 먼저 꼽고 미국인의 타고난 낙천주의와 무지를 덧붙였다. 사람들은 호주머니 사정을 감안하지 않고 외상으로 물건을 사들이고, 살찔 것을 뻔히 알면서도 아이스크림을 먹어 대고, 이자 갚을 계획도 궁리하지 않고 은행 돈을 빌려 쓴다.

우벨은 이러한 충동적 행동이 경제 위기를 초래했다고 진단하고, 물질에 대한 탐욕이 상황을 더 악화시켰다고 강조했다. 미국인의 무지가 경제 불황의 빌미가 되었다는 주장을 뒷받침하기 위해 우벨은 많은 미국인이 간단한 계산도 할 수 없다고 지적했다. 미국 성인의 3분의 1이 1,000의 10퍼센트가 얼마인지 계산을 못한다는 것이다. '퍼센트 개념'이 부족한 사람들은 주택담보대출(모기지론)의 연체율을 이해할 턱이 없다. 서브프라임 모기지론이 금융 위기의 단초가 되었음은 물론이다.

우벨에 따르면 미국인의 타고난 낙천주의가 경제 위기를 더욱 부채질했다. 가령 소득이 주택담보대출의 이자를 감당할 만큼 빠르게 증가하거나 집값 상승률이 물가 상승률을 앞지를 것이라고 막연히 기대하는 사람들이 적지 않아 사태를 악화시켰다는 뜻이다.

우벨은 인간이 불합리한 행동을 하는 까닭은 의지력의 한계 때문이라고 분석한다. 담배가 폐암의 원인인 줄 알면서도 끊지 못하고, 아침 운동이 건강에 좋다는 말을 듣고도 늦잠 자는 것은 의지력이 모자라기 때문이다. 인간은 누구나 완벽한 존재가 아니다. 우벨의 충고대로 자신의 약점을 인정하고 실수를 줄이기 위해 노력하면 건강과 행복이 가득한 삶을 누리게 될 터이다. (2009년 5월 2일)

생태 위기와 종교

2010년 4월 22일이면 '지구의날(Earth Day)' 40주년이 되건만 지구의 건강 상태는 호전될 기미가 눈곱만큼도 보이지 않는다. 1970년 미국에서 이날을 지구의날로 선포했을 때 뒷말이 없지 않았다. 하필이면 러시아 혁명가 레닌(1870~1924)의 탄생 100주년 날짜와 겹쳤기 때문이다. 그러나 아시시의 성 프란치스코(1182~1226)의 생일이기도 해서 의미 있는 날로 여겨졌다.

가난한 사람들과 함께 살며 빈곤 운동을 몸소 실천한 프란치스코는 자연과 하나가 되려는 삶을 추구했기 때문에 기독교 생태신학(ecotheology)에 지대한 영향을 미친 인물로 평가된다. 생태신학은 종교와 자연의 상호관계를 중시하는 신학이다. 인간의 종교적 세계관과 자

연 훼손 사이에 밀접한 관계가 존재한다는 전제에서 출발하여 생태 위기 문제에 접근하기 때문에 생태신학은 환경윤리(environmental ethics)에 맞닿아 있다. 환경윤리는 환경문제가 과학기술에 국한된 사안이 아니라 윤리학을 포함한 여러 학문, 이를테면 신학, 사회학, 경제학, 생태학 등의 관심 대상이 되어야 한다고 전제하는 분야이다.

1967년 3월 미국 기술사학자 린 화이트(1907~1987)는 환경윤리에 결정적 영향을 미친 논문을 『사이언스Science』에 발표했다. 화이트는 「생태 위기의 역사적 기원」이라는 논문에서 성경에 나타나는 자연에 대한 인간 중심적 세계관이 생태 위기의 뿌리라고 주장했다.

1971년 교황 바오로 6세는 환경 파괴 문제를 거론한 교서를 발표했다. 바오로 6세는 인간이 자연을 파괴함으로써 스스로 희생물이 될 위험성을 경고하고, 아시시의 성 프란치스코를 가톨릭 신자들이 본받아야 할 모범적 사례로 제시했다. 이를 계기로 교황들의 관심사가 마침내 생태 문제로까지 확대되었다. 1990년 1월 1일 '세계평화의날'에 발표한 담화문에서 교황 요한 바오로 2세는 자연 파괴에 대한 생태학적 각성의 필요성을 역설했다. 이 담화문은 환경문제를 본격적으로 다룬 최초의 교회 문건으로 자리매김되었다. 2008년 3월 교황청 기관지에는 환경오염을 새로운 형태의 사회적 죄로 간주하는 기사가 실리기도 했다.

1990년 교황 요한 바오로 2세의 세계평화의날 담화문 발표 이후 우리나라 가톨릭교회에서도 본격적인 환경보존 운동이 움트기 시작했다. 그해 2월 가톨릭농민회가 유기·자연 농업 추진을 결정했고, 1994년부터 '우리 농촌 살리기 운동'을 조직하여 생태계를 보전하는 활동을 펼쳤다. 지난 4월 24일에는 천주교 서울대교구에서 제1회 '가톨릭 에코 포럼'을 개최했다. 주제 발표에서 유경촌 신부는 "인간 이외의 생명체는 생명도 아니란 말인가?"라고 묻고 있다.

우리나라 종교인들은 연대하여 환경운동을 전개할 정도로 열려 있다. 1993년 5월 31일 '한국종교인평화회의'가 주최한 '환경윤리 종교인 선언 대회'는 종교인들이 처음으로 힘을 합친 환경 연대 활동이다. 이 대회는 국내 환경운동 역사상 최초로 환경윤리 문제를 제기한 모임으로 기록된다. 환경윤리는 지구온난화, 환경오염, 생태계 파괴 등 환경문제가 윤리학 없는 과학기술이나 과학기술 없는 윤리학만으로는 결코 해결될 수 없다는 사실을 일깨워 주고 있다. (2009년 5월 9일)

이인식의 멋진과학 106

생식 기술의 그늘

 아기 만드는 기술을 규제해야 한다는 기사가 미국 언론에 심심찮게 실리고 있다. 지난 1월 26일 캘리포니아에 거주하는 싱글맘이 체외수정 시술(IVF: in vitro fertilization)로 한꺼번에 8명의 아기를 낳는 희한한 사건이 발생했기 때문이다. 체외수정 시술은 난자를 채취하여 시험관 안에서 수정시킨 다음에 배아를 자궁 안으로 이식하는 생식 기술이다. 수정 이후 처음 두 달 동안의 개체를 배아라고 한다. 체외수정 시술은 나팔관 대신 시험관에서 수정되므로 시험관 아기 시술이라고 부르기도 한다.
 33살인 이 싱글맘은 체외수정 시술로 6명을 임신한 적이 있으므로 모두 14명의 시험관 아기를 출산하게 된 것이다. 배아 6개를 자궁에 이식했으나 두 개는 쌍둥이가 되어 결국 8명을 낳게 된 것으로 밝혀졌

다. 2008년 미국생식의학회(ASRM)가 35살 미만 여성에게는 배아를 두 개까지만 이식하도록 권고했기 때문에 윤리적 쟁점으로 비화되었다.

더욱이 착상 전 유전자 진단(PGD: preimplantation genetic diagnosis) 기술이 잘못 사용될 가능성에 대한 우려가 높아지면서 생식 기술 전반에 대한 정부 차원의 관리가 필요하다는 여론이 비등해지고 있다. PGD는 명칭 그대로 배아가 자궁에 착상되기 전에 유전자를 검사하는 기술이다.

1990년 『네이처Nature』 4월 19일 자에 PGD로 골라낸 배아를 임신하여 아기를 출산한 사례가 처음으로 보고되었다. PGD의 목적은 유전병을 가진 부모가 건강한 아기를 갖도록 하는 데 있다. 그러나 PGD는 무엇보다 남자에게만 있는 Y염색체를 배아가 갖고 있는지 조사하는 데 활용된다. 말하자면 자식의 성별을 감별하는 일에 주로 사용된다.

그러나 PGD와 같은 생식 기술은 맞춤아기 생산에 이용될 가능성도 없지 않다. 가령 난자와 정자 같은 생식세포에서 질병에 관련된 유전자를 제거하는 데 머물지 않고 지능, 외모, 건강을 개량하는 유전자를 보강할 수 있다. 뛰어난 머리, 준수한 용모, 예술적 재능 등 누구나 바라는 형질의 유전자로 만들어진 주문형 아기를 맞춤아기라 이른다.

최근 뉴욕 시에서 유전자 진단을 받은 부모의 10퍼센트가 큰 키에, 13퍼센트가 우수한 지능에 관심을 표명한 것으로 조사되었다. 부모의 설계대로 만든 맞춤아기가 출현하면 인류 사회는 영화 「가타카 GATTACA」(1997)에서처럼 우생학의 소용돌이에 휘말릴 위험성이 높다. 이 영화는 유전자가 보강된 슈퍼인간과 그렇지 못한 자연인간으로 사

회 계급이 양극화된 미래 사회를 상상한다.

캘리포니아 싱글맘의 시험관 아기 출산에 자극받은 미국의 일부 주 정부에서 생식 기술을 규제하는 법률 제정을 검토하고 있으나 연방정부가 나설 것을 촉구하는 여론도 만만치 않다. 월간 『사이언티픽 아메리칸』 5월호는 편집자 논평에서 버락 오바마 행정부가 영국의 제도를 면밀히 분석할 것을 주문했다.

1991년부터 영국 정부는 체외수정 시술과 배아 조작에 대한 법규를 시행하고 있다. 착상될 배아의 수를 제한하고 의학적 이유가 아니고서는 성별 선택이 허용되지 않는다. 그렇다고 PGD 사용 자체를 무조건 금지하지는 않는다. 1978년 세계 최초로 시험관 아기를 출생시킨 영국의 생식 기술 관리 경험이 높이 평가되고 있는 것이다. (2009년 5월 16일)

이인식의 멋진과학 107
친환경적 삶이란

지구의 환경문제를 말로는 걱정하기 쉬워도 막상 친환경 삶을 실천하려면 쉬운 일이 아닌 것 같다. 가령 유기농법으로 재배한 면화로 만든 티셔츠를 사 입었다고 해서 친환경적 행동을 한 것이라고 볼 수만은 없기 때문이다. 제초제를 사용하지 않아 토양을 오염시키지 않았다고 하지만 티셔츠 한 벌에 필요한 면화를 유기농법으로 생산하려면 1만 리터 이상의 물이 쓰인다는 사실을 간과해서는 안 된다는 것이다.

친환경 물건 하나 제대로 식별할 능력이 없는 까닭은 수박 겉핥기 식으로 환경문제에 접근하기 때문일 것이다. 미국 심리학자 대니얼 골먼의 표현에 따르면 '생태학적으로 사고하는 능력'이 부족한 결과라고 할 수 있다. 골먼은 『정서 지능 Emotional Intelligence』(1995)과 『사회 지능 Social Intelligence』(2006)이 베스트셀러가 되어 널리 알려진 인물이다. 지난

4월 중순 골먼은 『생태 지능 Ecological Intelligence』을 출간했다. 이 책의 부제는 '우리가 구매한 물건의 숨겨진 영향을 알면 모든 것을 어떻게 변화시킬 수 있는가'이다. 골먼은 상품 구매와 같은 개인의 행동이 지구의 환경에 미치는 영향을 파악할 줄 아는 능력을 생태 지능이라고 정의했다.

골먼은 산업생태학(industrial ecology)에서 생태 지능의 아이디어를 빌려 왔다. 미국 과학자 로버트 프로쉬(81)가 1989년 『사이언티픽 아메리칸』 3월호에 처음 소개한 산업생태학은 산업 활동에 생태계 개념을 융합한 분야이다. 자연의 생태계에서는 한 종의 배설물이 다른 종에게 먹이나 에너지 공급원으로 활용되는 반면에 산업 활동의 폐기물은 아무짝에도 쓸모가 없기 마련이다. 산업 쓰레기는 환경문제를 일으킨다.

만일 자연 생태계에서처럼 한 산업의 폐기물이 다른 산업의 원재료로 사용될 수만 있다면 산업 쓰레기를 감소시킬 뿐만 아니라 자원 재활용의 경제적 효과가 기대된다. 요컨대 산업생태학은 자연 생태계를 본떠서 산업 폐기물을 줄이는 방법을 연구하는 분야이다.

지난 20년 가까이 산업생태학에서는 '생명주기 평가'(LCA)라 불리는 기법으로 제품의 설계에서 생산되는 공정까지 분석하여 폐기물이 생성되는 원인을 밝히고 해결책을 모색했다. 대표적인 성공 사례의 하나는 코카콜라 제조 회사이다. 이 회사는 세계 유통망을 분석하고 환경에 미치는 영향을 극소화하는 방안을 모색했다. 예컨대 2012년까지 물 사용 효율을 20퍼센트 개선하는 목표를 실천에 옮기고 있다.

골먼은 그의 저서에서 생태 지능은 궁극적으로 친환경 상품을 구매하는 행위 그 이상의 범위에 적용되어야 한다고 주장한다. 말하자면 생태 지능은 인류가 자원이 유한한 세계에서 무한히 서로 연결된 그물망 안에 살고 있다는 사실을 이해하는 능력인 것이다. 골먼은 생태계처럼 모든 산업 활동이 무한히 연결된 사실을 깨닫게 되면 누구나 자신의 일상적인 의사결정이 환경에 미치는 영향에 대해 관심을 가질 수밖에 없다고 역설한다.

골먼은 최악의 자연조건에서 살아남은 티베트의 한 공동체를 예로 들면서 그들이 살아남을 수 있었던 까닭은 생태학적으로 생각한 덕분이라고 설명하고 그들에게 다른 선택의 여지가 없었다고 강조했다. 인류 역시 서둘러 생태학적으로 사고하지 않으면 살아남기 어렵다는 뜻이다. (2009년 5월 23일)

이인식의 멋진과학 108

식량 위기 해결책

　미국 외교 전문 격월간지 『포린 폴리시Foreign Policy』는 해마다 지구상의 나라들을 종합적으로 평가하여 가장 허약한 순서로 등수를 매긴 특별 보고서를 펴낸다. 2008년 7~8월호에 실린 네 번째 보고서에는 177개 국가가 나열되어 있다. 상위권의 나라들은 국가 붕괴의 위기에 직면해 있을 뿐 아니라 국제적 불안 요인이 되고 있다. 1위인 소말리아는 해적의 소굴로, 5위인 이라크는 테러리스트 훈련 기지로 악명이 높다. 7위 아프가니스탄은 마약 헤로인을 전 세계에 공급하고 있다. 방글라데시(12위), 북한(15위), 스리랑카(20위) 역시 붕괴 가능성이 높은 20개 국가에 포함되었다. 한편 이 명단의 끄트머리에는 스칸디나비아 3국인 스웨덴(175위), 핀란드(176위), 노르웨이(177위)가 들어 있다. 한

국은 153위, 미국은 161위, 일본은 163위이다.

   소말리아나 아프가니스탄 같은 나라의 최대 현안은 식량 부족이다. 미국의 환경운동가이자 생태경제학자인 레스터 브라운은 가난한 나라들이 식량 위기로 무정부 상태가 되면 전염병, 테러, 마약, 무기, 심지어 피난민의 확산을 통제할 수 없게 되므로 인류 문명 자체가 붕괴될지 모른다고 우려했다. 브라운은 『사이언티픽 아메리칸』 5월호에 기고한 글에서 21세기의 식량 위기는 20세기와 달리 구조적인 현상으로 나타나서 해결책을 찾기가 쉽지 않다고 주장했다. 20세기에는 가뭄 등의 이유로 곡물 가격이 일시적으로 요동쳤으나 21세기 들어서는 수요와 공급 측면에서 복합적인 요인으로 식량 부족이 심화되고 있다는 것이다.

먼저 수요 측면에서 세계 인구 증가에 덧붙여 바이오에탄올 생산이 식량 소비의 규모를 증대시킨다. 해마다 세계 인구는 7000만 명씩 불어나고 있다. 미국의 경우 차량용 바이오에너지 확보를 위해 2009년 곡물 수확량의 4분의 1을 에탄올 생산에 투입할 것으로 알려졌다. 이는 인도 사람 5억 명을 먹여 살릴 만한 식량이라고 한다.

공급 측면에서 식량 부족을 부채질하는 요인은 물 부족, 표토(表土) 망실, 기온 상승 등 환경과 관련된 것들이다. 세 가지 요인 중에서 당장 문제가 되는 것은 농작물에 필요한 물이 갈수록 줄어들고 있는 현실이다. 3대 곡물 생산 국가인 중국, 인도, 미국의 수확량이 감소하는 것도 물 부족 때문인 것으로 분석된다. 두 번째 환경 요인은 작물 재배 시에 갈아 일으킨 흙의 윗부분, 곧 표토의 망실이다. 식물의 영양분이 함유된 표토가 바람과 물에 의해 침식됨에 따라 농작물의 성장에 심대한 위협이 되고 있다. 세 번째 요인인 지구 표면의 기온 상승은 지구온난화의 결과이다. 정상 온도보다 섭씨 1도 올라갈 때마다 쌀, 밀, 옥수수의 수확량이 10퍼센트 떨어지는 것으로 분석되었다.

브라운은 세계 식량 부족 문제를 해결하기 위해 위협 요인에 대한 대책을 서둘러 강구해야 한다고 강조한다. 그는 네 가지 해법을 제시했다.

첫째 2020년까지 탄소 배출을 2006년 수준의 80퍼센트까지 감소한다. 둘째 세계 인구를 2040년까지 80억 명으로 묶는다. 셋째 가난을 추방한다. 넷째 땅과 수풀을 원상 복구한다. 그의 제안에 공감하는 사람이 많을수록 식량 위기는 빨리 해소될 터이다. (2009년 5월 30일)

이인식의 멋진과학 109

2045년 특이점 통과한다

미국 실리콘밸리에 미래학 전문 교육기관 '특이점 대학'(Singularity University)이 문을 열었다. 2008년 9월 설립된 이 대학은 올여름 첫 입학생으로 40명을 선발해 9주간의 과정을 가르칠 예정이다. 사전을 보면 특이점은 '특별히 다른 점'(singular point)을 의미하지만 과학기술 분야에서는 전혀 다른 뜻으로 사용된다.

1993년 미국의 수학자이자 과학소설 작가인 버너 빈지는 「다가오는 기술적 특이점―포스트휴먼 시대에 살아남는 방법」이라는 논문을 발표하고 인간을 초월하는 기계가 출현하는 시점을 처음으로 특이점이라고 명명했다. 빈지는 생명공학, 신경공학, 정보기술의 발달로 2030년 이전에 특이점을 지나게 될 것이라고 주장했다.

특이점은 인류에게 극적인 변화가 일어난다는 의미에서 일종의 터핑 포인트라고 할 수 있겠다. 그렇다면 특이점은 정녕 언제 나타날 것이며 그때 인류의 운명은 어찌될 것인가.

미국의 컴퓨터 이론가 레이 커즈와일은 『특이점이 다가온다 The Singularity is Near』(2005)에서 2030년 전후에 지능 면에서 기계와 인간 사이의 구별이 사라질 것이라고 전망했다. 미국의 로봇공학 전문가 한스 모라벡은 『로봇 Robot』(1999)에서 2050년 이후 지구의 주인은 인류에서 로봇으로 바뀌게 된다고 주장했다. 그는 이러한 로봇이 인류의 정신적 유산을 물려받게 될 것이므로 일종의 자식이라는 의미에서 '마음의 아이들'(mind children)이라고 불렀다.

영국의 로봇공학자 케빈 워릭 역시 『로봇의 행진 March of the Machines』(1997)에서 21세기 지구의 주인은 로봇이 될 것이라고 단언했다. 워릭

은 2050년 기계가 인간보다 더 똑똑해져서 인류의 삶은 기계에 의해 통제되고 기계가 시키는 일은 무엇이든지 하지 않으면 안 되는 처지에 놓일 것이라고 전망했다.

남자들은 포로수용소 같은 곳에서 거세된 채 노동자로 사육된다. 여자들 역시 오로지 아이를 낳기 위해 사육된다. 여자들은 50여 명 정도 아기를 낳은 뒤에 쓰레기처럼 소각로에 버려진다. 워릭 교수의 가상 시나리오는 영화 「매트릭스The Matrix」(1999)를 떠올리게 한다. 2199년 인공지능 기계와 인류의 전쟁으로 폐허가 된 지구에서 인간들은 땅속 깊은 곳에서 기계에게 에너지를 공급하는 노예로 사육되기 때문이다.

지난 5월 초 미국에서 개봉된 영화 「초월적 인간Transcendent Man」 역시 인간과 기계의 미래를 다루고 있어 주목을 받고 있다. 이 영화는 GNR 기술, 곧 유전공학(G), 나노기술(N), 로봇공학(R)의 발달로 2045년이면 사람보다 영리한 기계가 출현할 것이라고 상상한다. 2045년 특이점이 온다는 뜻이다. 더욱이 커즈와일의 개인적 이야기가 뒤섞여 영화에 대한 관심이 증폭되고 있다.

커즈와일은 나치의 핍박을 받다가 사망한 아버지를 못내 그리워해서 그의 부활을 꿈꾼다. 아버지의 무덤에서 나노로봇으로 유전자를 추출해 낸 다음에 아버지의 친지들로부터 그에 관한 정보를 긁어모아 추가하면 생전의 아버지 모습을 생생히 되살릴 수 있다고 본 것이다. 특이점 대학을 설립한 사람이 바로 커즈와일이다. 그는 인류의 미래에 관련된 문제의 해결책을 모색할 생각이다. 우리나라에서도 한두 명쯤 다녀왔으면 좋겠다. (2009년 6월 6일)

이인식의 멋진과학 110

노시보 효과

　호주의 원주민들은 마법사의 저주를 받으면 시름시름 앓다가 며칠 뒤에 숨을 거둔다. 1942년 미국 생리학자 월터 캐넌은 이러한 현상을 '부두 죽음'(voodoo death)이라고 명명했다. 부두는 서인도 제도에 있는 아이티의 원시종교이다. 부두교의 주술사로부터 저주를 받고 죽은 사람들이 적지 않은 것으로 알려졌다.
　부두 죽음 같은 일은 밀림이나 오지에 사는 원시 부족사회에서나 발생하는 것으로 여기기 쉽다. 그러나 영국 주간지 『뉴 사이언티스트』 5월 16일 자 커버스토리에 따르면 이와 유사한 사례가 선진국에서도 빈발하고 있다. 단지 마법사의 긴 주문이 의사의 짧은 몇 마디로 바뀌었을 따름이다. 이를테면 많은 환자들은 혹시 의사로부터 죽음을 암시하는 말을 듣게 되면 절망에 빠져 삶의 의지를 포기하기 쉽다는 것이다.

의사의 말이 환자에게 부정적인 감정이나 기대를 유발하여 아무런 의학적 이유 없이 환자에게 해를 입히는 현상을 '노시보 효과'(nocebo effect)라고 한다. 1961년 '나는 상처를 입을 것이다'는 뜻을 지닌 라틴어로 만들어진 노시보는 역시 라틴어에서 유래한 플라시보(placebo)와 정반대가 되는 개념이다.

플라시보, 곧 위약(僞藥)은 환자를 안심시키기 위해 주는 가짜 약이다. 위약의 투여에 의한 심리 효과로 환자의 용태가 실제로 좋아지는 현상을 플라시보 효과라 한다. 요컨대 플라시보 효과는 인체가 스스로 치유하는 능력을 갖고 있음을 보여 주는 좋은 사례이다. 부흥회에서 복음 전도사의 설교를 듣고 환자들이 병이 치유된 것처럼 느끼는 것도 플라시보 효과가 발생하기 때문이다.

노시보 효과 역시 플라시보 효과처럼 임상 실험으로 확인되었다. 『뉴 사이언티스트』에 따르면 수천 명 환자를 대상으로 실시한 15개의 노시보 효과 실험에서 25퍼센트 환자가 피로, 우울증, 성 기능 장애 따위의 부작용을 나타냈다.

게다가 노시보 효과는 전염성을 지니고 있다. 영국 헐대 심리학자 어빙 커시는 수 세기 동안 원인을 확인할 수 없는 증상이 집단에 퍼진 사건, 곧 집단 심인성 질환(mass psychogenic illness)이라고 알려진 현상도 노시보 효과의 일종이라고 설명한다. 1998년 11월 미국 고등학교의 한 교사가 휘발유 비슷한 냄새를 맡고 두통, 호흡 장애, 현기증을 호소했다. 학교는 문을 닫았으나 교사와 학생 100여 명이 비슷한 증상으로 병원

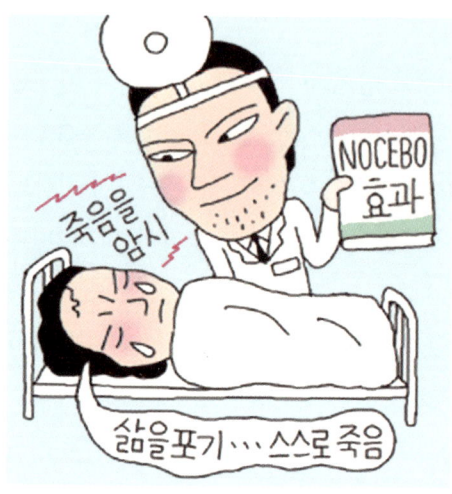

응급실을 찾았다. 하지만 질환의 원인을 밝혀낼 수 없었다. 단지 친구가 아픈 것을 본 뒤에 그런 증상이 나타났다는 결론을 얻었을 뿐이다.

어빙 커시는 대학생들에게 맑은 공기를 흡입시킨 뒤에 두통이나 메스꺼움을 일으키는 독소가 함유되었다고 거짓말을 했다. 실험 대상자의 절반에게는 한 여자가 공기를 마시고 그런 증상을 나타내는 모습을 보여 주었다. 여자가 고통을 느끼는 장면을 목격한 실험 대상자일수록 유사한 증상을 나타냈다. 집단 심인성 질환과 비슷한 현상이 나타난 셈이다.

노시보 효과의 실체가 밝혀짐에 따라 의사들이 하얀 옷으로 갈아입은 마법사가 되지 않으려면 환자에게 부정적 영향을 미치는 언행을 삼가도록 노력해야 한다는 주장이 설득력을 갖게 된다. (2009년 6월 13일)

당신이 키보드 치는 소리에 누군가 귀를 쫑긋한다

혼자 사무실에 앉아 컴퓨터를 사용한다고 해서 제3자가 중요한 정보를 훔쳐볼 염려가 없다고 안심해서는 안 된다는 연구 결과가 잇따라 발표되고 있다. 다시 말해 컴퓨터와 네트워크 내부에 제아무리 철저한 보안장치를 해도 정보가 새어 나갈 틈새는 한두 군데가 아니라는 것이다. 컴퓨터에서 보안장치를 우회하여 정보가 누출되는 구멍은 '사이드 채널'(side channel)이라 한다. 사이드 채널은 컴퓨터와 사용자가 만나는 물리적 공간, 예컨대 모니터, 키보드, 프린터의 언저리에 존재한다.

정보보안 전문가들은 개인용 컴퓨터가 나타나기 훨씬 전부터 사이드 채널을 통해 정보가 도난 당할 가능성에 주목했다. 1960년대 미국 군사과학자들은 컴퓨터 모니터에서 나오는 전자파를 차폐하는 기술을 개발했다. 모니터의 전자파에 맞추어 놓고 옆 사무실 또는 옆 건물에서 화면에 떠오른 정보를 재구성해 낼 수 있기 때문이다. 이 차폐 소프트웨어는 오늘날까지 정부 기관에서 사용되고 있다. 그러나 이러한 기술만으로는 사이드 채널 공격을 방어하는 데 역부족인 것으로 확인되고 있다.

2003년 영국 케임브리지대 컴퓨터과학자 마커스 쿤은 평판 모니터조차 무선 신호를 잡아 가까운 거리에서 화면의 정보를 해독할 수 있음을 보여 주었다.

2008년 5월 중순 미국 전기전자통신학회(IEEE)의 정보보안 심포지엄에서 캘리포니아대 조바니 비그나는 사람이 컴퓨터 자판을 두드릴 때 손가락의 영상을 보고 그가 치는 글자를 알아내는 소프트웨어를 선보였다. 이어서 10월에는 스위스 컴퓨터과학자들이 컴퓨터 자판을 칠 때 나오는 무선 신호를 벽으로 격리된 20미터 거리에서 안테나로 포착하여 그 사람이 치는 글자를 구성해 낼 수 있다고 밝혔다.

2009년 들어 독일 막스 플랑크 연구소 소프트웨어 전문가 마이클 백스는 프린터가 출력하면서 내는 소리를 듣고 그때 인쇄되는 글자를 구성해 내는 소프트웨어를 만들었다.

모니터와 키보드의 전파, 컴퓨터 자판을 치는 영상, 프린터의 출력 소리를 이용하여 사이드 채널 공격을 하려면 특수 장비와 전문 지식이 필요하다. 하지만 컴퓨터 전문가가 아니더라도 누구나 가능한 사이드

채널 공격 기술이 발표되어 주목을 받았다. 지난 5월 중순 IEEE 정보보안 심포지엄에서 마이클 백스는 컴퓨터 화면을 반사하는 사무실의 물체들, 예컨대 찻잔, 플라스틱 병, 벽시계 등에 비친 영상을 싸구려 망원경으로 포착하면 화면의 정보를 얼마든지 해독할 수 있다고 보고했다. 컴퓨터 사용자의 안경은 물론이고 심지어 눈동자에 비친 영상을 통해 컴퓨터 정보를 훔쳐볼 수 있는 것으로 확인되어 경각심을 불러일으켰다.

　사무실의 모든 전자파, 모든 소리, 모든 반사가 사이드 채널 공격의 과녁이 될 수 있음에 따라 컴퓨터 정보를 지키는 일이 주요 과제가 되었다. 물론 사이드 채널 공격에 제약 조건이 없는 것은 아니다. 우선 공격 대상인 컴퓨터에 근접해야 하고 컴퓨터 사용자의 행동을 늘 지켜보아야 한다. 그러나 사이드 채널 공격을 받았을 경우 흔적이 전혀 남지 않기 때문에 피해 규모를 알 길이 없어 사후 대책을 세울 수가 없다. 백스의 권고처럼 사무실의 블라인드부터 모두 내리고 볼 일이다.

(2009년 6월 20일)

이인식의 멋진과학 112

오바마 효과

　백인의 나라에서 흑인인 버락 오바마가 백악관 주인이 됨에 따라 미국인의 사고방식에 적지 않은 변화가 발생한 것으로 확인되었다. 오바마의 대통령 당선이 미국 사회에 미친 영향은 '오바마 효과'(Obama effect)라 불린다. 최근 오바마 효과를 분석한 연구 결과가 『실험사회심리학 저널(JESP)』에 잇따라 발표되었다.

　물론 오바마 효과는 긍정적인 측면이 많다. 미국 밴더빌트대 심리학자 레이 프리드먼은 4월 9일 자 온라인판에 오바마의 성공이 흑인에게 자신감을 심어 준 것으로 나타났다는 실험 결과를 발표했다. 오바마를 통해 흑인들이 '고정관념 위협'(stereotype threat)을 극복할 수 있었기 때문인 것으로 분석된다. 고정관념 위협이란 흑인이 백인보다 지적으로 열등하다는 고정관념 때문에 부당한 판정을 받게 될 것이라고 지레 겁을 먹은 탓에 좋은 결과를 내지 못하게 되는 상황을 의미한다. 요컨대 오바마 효과는 흑인의 고정관념 위협을 상쇄하고도 남을 만큼 강력한 셈이다. 백인 역시 오바마 효과의 영향을 받는 것으로 밝혀졌다. 플로리다 주립대 심리학자 애시비 플랜트는 5월 4일 자 온라인판에 흑인 대통령이 백인의 인종적 편견에 미친 영향을 측정한 실험 결과를 발표했다. 오바마의 인기가 절정일 때 백인 대학생 229명의 암묵적 편견을 측정했다. 흑인을 무능력하고 위험한 존재로 여기는 편견이 잠재의식 속에 깊숙이 뿌리박혀 있는 것을 암묵적 편견(implicit bias)이라 한다. 편견의 수준이 2006년 실시한 연구 결과보다 90퍼센트나 떨어진 것으로 나타났다. 오바마 대통령의 존재가 백인의 인종적 편견을 누그러뜨린 셈이다.

한편 오바마 효과가 반드시 미국 흑인 사회에 보탬이 된다고 볼 수 없다는 연구 결과도 발표되었다. 워싱턴대 심리학자 체릴 카이서는 5월호에 실린 연구 결과에서 오바마 효과의 부정적인 측면이 만만치 않음을 보여 주었다. 오바마 대통령 당선 직후 꼭 1주일 만에 실시한 조사에서 인종적 불평등을 해결하는 정책에 대한 지지도가 대통령 선거 2주 전 조사 때보다 낮은 것으로 드러났다.

이런 결과는 흑인을 대통령으로 뽑았으므로 인종차별은 더 이상 사회문제가 될 수 없다고 여기는 분위기가 조성되었기 때문이라고 분석된다. 오바마 당선을 계기로 흑인 대부분이 여전히 가난으로 고통 받으며 사회적 불평등에 시달리는 사실이 간과될 수 있다는 측면에서 오바마 효과는 부정적일 수밖에 없다. 카이서는 오바마의 개인적 성공을 흑인 사회 전체와 결부시켜 인종차별 문제가 해결된 듯이 생각하는 것은 결코 바람직한 현상이 아니라고 경고했다.

카이서의 연구 결과는 오바마 효과에 국한될 성질의 것은 아니라는 지적이 뒤따른다. 가령 힐러리 클린턴이 대통령에 당선된다고 하더라도 미국 여성에게 똑같은 효과가 나타날 수 있다는 것이다. 여자가 대통령이 되었다고 해서 여권 신장에 반드시 긍정적인 효과만 기대할 수 없다는 뜻이다.

오바마 효과가 긍정적이든 부정적이든 얼마나 오랫동안 지속될지 아무도 모른다. 그의 인기가 곤두박질치거나 여론이 변덕을 부리면 흑인에 대한 편견이 유령처럼 활개 치지 말란 법이 없을 테니까. (2009년 6월 27일)

이인식의 멋진과학 113
경쟁적 이타주의

이명박 정부가 녹색성장을 국정 의제로 채택함에 따라 너도나도 경쟁적으로 환경문제에 관심을 표명하고 있다. 친환경 삶을 실천하기 위해 골프를 치는 대신 등산을 하거나 자전거를 타는 사회 지도층 인사가 적지 않고 형광등 같은 친환경 상품을 애용하는 사람도 늘어나고 있다.

이들은 환경보호를 위해 자신이 누릴 수 있는 삶의 안락을 희생한다고 여기는 경향이 있지만 오히려 사회적 명예가 향상되는 득을 보는 것으로 밝혀졌다. 가령 응접실에 형광등이 걸린 호화 주택을 찾은 방문객은 집주인의 검소한 생활에 경의를 표하기 십상이므로 열악한 조명 상태에서 겪은 불편을 보상받고도 남음이 있다는 것이다.

이런 상황은 진화심리학에서 경쟁적 이타주의(competitive altruism)라는 개념으로 설명된다. 인간은 가족을 위해서 또는 상호주의 원칙에 따라 이타적 행동을 하지만 명성을 얻기 위해 남을 도울 줄도 안다는 것이 경쟁적 이타주의이다.

2006년 영국 켄트대 심리학자 찰리 하디는 『인성과 사회심리학 회보Personality and Social Psychology Bulletin』 10월호에 경쟁적 이타주의를 검증한 실험 결과를 발표했다. 집단 내에서의 이타적 행동과 사회적 신분 관계를 분석한 실험에서 가장 이타적인 사람이 가장 높은 지위를 획득했으며, 그들의 행동이 더 많은 사람에게 알려질수록 그만큼 더 이타적이 되는 것으로 밝혀졌다. 요컨대 사람들은 사회적 명성을 얻기 위해 경쟁적으로 이타적 행동을 한다는 것이다.

경쟁적 이타주의는 자수성가한 기업 총수가 거금을 사회에 환원하거나 호텔 투숙객이 욕실 수건을 재사용하는 이유를 설명해 준다. 2008년 미국 미네소타대 진화심리학자 블라다스 그리스케비시우스는 『소비자 연구 저널Journal of Consumer Research』 8월호에 호텔 손님을 환경보전 운동에 참여시키는 방법을 분석한 실험 결과를 발표했다.

방 안에 두 종류의 문장을 남겨 놓았다. 하나는 환경을 위해 욕실 수건을 재사용해 달라는 문장이고 다른 하나는 방을 거쳐 간 다른 손님들도 대부분 수건을 재사용했다고 적어 놓은 것이었다. 전자보다 후자의 글귀를 본 투숙객의 수건 재사용 비율이 훨씬 높은 것으로 나타났다. 이 실험 결과는 환경운동이 단순히 환경 의식에 호소하는 것보다 경쟁적 이타주의 심리를 자극할 때 더 효율적임을 보여 준 셈이다.

이런 맥락에서 그리스케비시우스는 경쟁적 이타주의가 친환경 상품

구매에 결정적 영향을 미친다는 연구 결과를 내놓았다. 지난 5월 중순 샌프란시스코에서 개최된 심리과학협회(APS) 정기 총회에서 발표한 연구 결과에 따르면 환경보호에 앞장선다는 명예를 갈구하게끔 유도된 실험 대상자일수록 사치품보다 친환경 상품을 훨씬 더 많이 선택하는 것으로 나타났다. 이를테면 경쟁적 이타주의가 작용하여 명예를 위해 사치품을 포기하게 만든 셈이다.

하지만 친환경 제품이라고 해서 모두 성공하는 것은 아니다. 만일 가격이 너무 싸면 구매자가 경제 능력을 뽐낼 기회가 없기 때문이다. 그리스케비시우스는 친환경 제품 가격을 서민들이 부담을 느끼는 수준으로 책정할 필요가 있다고 권유한다. 그래서 500달러짜리 친환경 장바구니도 인기가 많은 걸까. (2009년 7월 4일)

해외 떠돌면 창의력 높아진다

1899년생인 블라디미르 나보코프와 어니스트 헤밍웨이는 적어도 두 가지 공통점이 있다. 하나는 성공한 소설가이다. 나보코프는 1955년 성적으로 조숙한 12세 소녀가 주인공인 『롤리타*Lolita*』를 펴내 명성을 얻었고 헤밍웨이는 『노인과 바다』 등 많은 걸작을 남겨 1954년 노벨상을 받았다.

다른 하나는 역마살이다. 두 사람은 객지에서 떠돌이 생활을 하는 팔자를 타고났다. 러시아 태생인 나보코프는 가족과 함께 영국, 독일, 프랑스로 전전하다가 미국에 정착했다. 미국에서 태어난 헤밍웨이는 유럽에 머물면서 스페인과 이탈리아의 전투에도 참가했다.

해외에 장기 체류하며 성공을 거둔 예술가는 한둘이 아니다. 아일랜드 출신으로 노벨 문학상을 받은 윌리엄 예이츠(1923), 버나드 쇼

(1925), 사무엘 베케트(1969), 셰이머스 히니(1995) 모두 거의 타국에서 살다시피 했다. 화가 중에서는 프랑스의 폴 고갱이 타히티 섬에서, 스페인의 파블로 피카소가 프랑스에 오래 머물렀다. 작곡가로는 러시아 태생의 이고르 스트라빈스키가 스위스와 프랑스를 거쳐 미국으로, 오스트리아의 아널드 쇤베르크가 미국으로 거처를 옮겼다.

이런 사례는 예술가의 해외 생활이 작품의 독창성과 관련이 있을지 모른다는 추측을 낳게 만들었다. 그런데 최근 심리학자들이 해외 체류가 창의성에 영향을 미친다는 연구 결과를 발표했다. 프랑스의 윌리엄 매덕스와 미국의 애덤 갈린스키는 『인성과 사회심리학 저널Journal of Personality and Social Psychology』 5월호에 실린 논문에서 미국 대학생 150명과 미국 유학생 55명 등 205명을 대상으로 실시한 실험을 통해 유학생이 훨씬 창의성이 뛰어난 것으로 나타났다고 보고했다.

이들에게 양초 한 자루, 성냥개비 몇 개, 압정이 든 상자를 주고 양초가 탈 때 촛농이 바닥에 떨어지지 않게끔 양초를 마분지 벽에 붙이도록 했다. 양초를 압정 상자 위에 올려놓고 압정으로 그 상자를 벽에 고정시키면 된다. 이 해답을 내놓은 비율은 미국에 오래 머문 유학생이 60퍼센트인 반면 해외에 살아 본 경험이 없는 학생은 42퍼센트에 불과했다.

이 논문은 해외 생활 경험이 창의성을 향상시키는 이유를 세 가지로 분석한다. 첫째, 외국에 살면 고향에서 접해 보지 못한 수많은 새로운 생각과 개념을 대하게 되므로 창의적 사고를 하지 않을 수 없다. 둘째, 해외에 오래 머물면 여러 각도에서 문제에 접근하게 된다.

　예컨대 중국에서는 음식을 접시에 남기는 것이 식사 대접에 대한 감사의 표시가 되지만, 미국에서 그러한 행동은 음식의 맛에 만족하지 못했다는 모욕의 뜻으로 받아들여진다. 해외에 살지 않으면 이러한 문화의 차이를 피부로 느낄 기회가 많지 않기 때문에 해외 생활이 창의적 사고에 큰 도움을 준다고 볼 수 있다. 셋째, 국내에 있을 때보다 해외에 나가 있으면 새로운 생각을 좀 더 쉽게 받아들일 수 있는 심리 상태가 되므로 창의성이 계발될 기회가 많아진다.

　작곡가 윤이상과 비디오아티스트 백남준도 일본 유학을 거쳐 독일에 머물면서 세계적 명성을 떨쳤다. 외국의 처자식에게 송금하느라 허리가 휘는 기러기 아빠들에게 이 연구 결과가 작은 위안이 되었으면 좋으련만. (2009년 7월 11일)

이인식의 멋진과학 115

메데이아 가설

지구는 가이아보다는 메데이아에 가깝다는 주장이 제기되었다. 그리스 신화에서 대지의 여신 가이아는 모든 생명을 돌보는 어머니로 그려진다. 한편 그리스 영웅 이아손이 황금 양털을 찾게끔 도와준 왕녀 메데이아는 그의 아내가 되었으나 버림을 받게 되자 둘 사이에 낳은 자식들을 죽인 비정의 어머니이다. 지구가 항상 생명에 도움이 된다고 보는 가이아 이론을 반박하는 메데이아 이론이 발표된 것이다.

1970년대에 영국 대기과학자 제임스 러브록이 창안한 가이아 이론에서는 지구를 하나의 유기체로 본다. 따라서 지구는 자신의 상태를 항상 일정하게 유지하는 자기조절 기능이 있는 것으로 간주된다. 가이아에서 이런 기능을 수행하는 것은 생물이다. 요컨대 생물체는 능동적으로 주위 환경을 조절하면서 지구를 살기 좋은 상태로 만드는 역할을 한다.

가이아의 존재를 증명하기 위해 제시되는 두 가지 단서는 대기권의 화학적 조성과 지구의 기후이다. 먼저 지구 대기권의 경우, 그 화학적 조성이 매우 미묘하고 무질서함에도 불구하고 생물계에 유리한 조건이 유지되고 있는 까닭은 생물이 대기 조성을 능동적으로 조절하고 유지했기 때문이라는 것이다. 다시 말해 범지구적 규모의 자기조절 체계, 곧 가이아가 존재했기 때문에 불안정하기 이를 데 없는 대기권의 조성이 오랫동안 일정하게 유지되었다는 뜻이다.

가이아의 존재를 뒷받침하는 두 번째 방증은 지구 기온의 역사이다. 생물의 탄생 이후 35억 년 동안 지구의 평균기온이 생물의 생존에 적합하도록 유지될 수 있었던 것은 생물이 일정한 기여를 했기 때문이라는 설명이다. 가령 생물에 의해 합성되는 각종 기체가 지구의 기온 유지에 영향을 미쳤다는 뜻이다.

가이아 이론은 옳을 수도 있고 옳지 않을 수도 있다. 하지만 주제가 환경문제와 직결되어 있어 그 인기는 식을 줄을 모른다. 그런데 미국 워싱턴대 생물학자 피터 워드는 지구를 가이아로 볼 수 없다는 주장을 내놓았다. 지난 4월 중순 출간된 『메데이아 가설 *The Medea Hypothesis*』에서 워드는 "지구상의 생명체가 자식을 살해한 메데이아처럼 지구에 되풀이해서 재앙을 안겨 주었으며 미래에도 그럴 가능성이 많다."고 주장했다.

워드는 생물 자체에 의해 지구상 생물의 생존이 위협받은 현상을 '메데이아 사건'이라고 명명하고 가장 최악의 사례로 두 차례의 '눈 덩어리 지구'(Snowball Earth)를 꼽았다. 22억 년 전 지구는 1억 년간 지속된 빙하

기를 겪었으며, 7억 년 전 또다시 엄청난 규모의 빙하기가 찾아왔다.

빙하기에 태양의 복사량이 오늘날보다 6퍼센트 적은 데다가 이산화탄소 등 온실효과 기체의 양이 모자라서 지구는 꽁꽁 얼어붙었다. 지구 전체가 두께 1킬로미터의 얼음으로 뒤덮이고, 기온은 섭씨 영하 50도로 떨어졌다. 그야말로 눈 덩어리가 된 것이다. 빙하기가 출현한 원인에 대해서는 아직도 여러 이론이 쏟아져 나오고 있을 정도이다.

그런데 워드는 눈 덩어리 지구의 원인을 생물 자체에서 찾은 것이다. 광합성 박테리아가 대기 중에서 지구를 온실로 만드는 이산화탄소를 너무 많이 흡수해서 지구가 얼어붙게 되었다는 것이다. 지구의 생물다양성을 파괴하고 있는 현대인이야말로 메데이아의 후손은 아닐는지. (2009년 7월 18일)

해수면 1미터 상승의 재앙

지구가 점점 더워지면서 바닷물이 불어나고 있다. 20세기에 해수면이 상승한 요인은 세 가지로 분석된다. 영국 주간지 『뉴 사이언티스트』 7월 4일 자에 따르면 가장 크게 영향을 미친 요인은 알래스카와 히말라야의 빙하와 만년설이다. 앞으로도 지속적으로 녹아내리면 2100년까지 해수면을 10~20센티미터 높일 전망이다.

두 번째 요인은 바다 온도의 증가에 따른 육지 근처 물의 팽창이다. 바닷물이 열에 의해 팽창하면 2100년까지 해수면을 20센티미터 끌어올릴 것 같다. 세 번째 요인은 그린란드와 남극의 대빙원이다. 20세기에는 해수면 상승에 미친 영향이 미미했지만 지구온난화에 따라 2100년까지 해수면을 1미터 이상 높일 것으로 예상된다. 이런 추정을 합산하면 21세기 말까지 해수면은 적어도 1.3미터 이상 상승할 가능성이 높다.

그러나 2007년 유엔 정부간기후변화위원회(IPCC)가 발표한 지구온난화 4차 보고서는 2100년까지 해수면이 19~59센티미터 상승한다고 전망했다. 결국 이 보고서와 견해를 달리하는 기후과학자들의 주장이 주목을 받을 수밖에 없다.

2007년 독일 기후 전문가 스테판 람스톨프는 『사이언스』 1월 19일 자에 발표한 연구 결과에서 해수면이 0.5~1.4미터 상승할 것이라고 전망했다. 람스톨프는 지난 120년 동안의 자료를 근거로 미래를 예측하는 단순한 방법을 채택했지만 IPCC 전망치와 달리 해수면이 1~2미터 상승할 것이라는 기후과학자들의 예측을 뒷받침하는 결과를 내놓은 셈이다. 멕시코의 지구과학자 폴 블랜천은 더 비관적인 연구 결과를 발표했다.

그는 해수면이 오늘날보다 6미터가량 높았던 빙하기에 형성된 산호초를 연구하고 바닷물이 갑자기 치솟을 경우 최대 높이를 추정했다. 2009년 『네이처』 4월 16일 자에 발표한 논문에서 향후 50~100년 안에 어느 순간 바닷물이 3미터까지 솟구칠 것이라고 주장했다.

어쨌거나 그린란드와 남극을 연구하는 대부분의 빙하학자들은 IPCC와 달리 21세기 말까지 해수면이 적어도 1미터는 상승할 것이라는 공감대를 형성하고 있다.

해수면 1미터 상승으로 인류가 입게 될 피해는 끔찍할 정도이다. 현재 해수면보다 1미터 높은 땅에 사는 사람은 6000만 명이며 2100년까지 1억 3000만 명으로 늘어날 것이기 때문이다. 주로 동남아시아에 사는 이들은 물귀신이 될 운명이라는 뜻이다. 2005년 발표된 보고서에

따르면 해수면 1미터 상승으로 유럽 5개국의 1300만 명도 피해를 볼 것 같다. 해수면이 상승하면 폭풍해일과 홍수가 발생하여 미국 동남부의 해안 도시 대부분이 허리케인 앞에 더 전전긍긍하게 될 것 같다.

『뉴 사이언티스트』는 커버스토리에서 네덜란드와 방글라데시가 대부분 물밑으로 사라지고 뉴욕, 런던, 시드니, 도쿄의 도로는 물에 잠길 것이라고 전망했다. 해수면 상승을 늦추기 위해 온실효과 기체의 방출을 억제함과 아울러 가급적이면 대도시에 고층 건물 짓는 것을 중단해야 한다고 충고한다. 특히 현재 해수면보다 겨우 4미터 높은 상하이에 마천루가 대규모로 건설되는 것에 우려를 표명했다.

해수면 상승은 피할 수 없는 재앙이며 전문가들이 예상한 것보다 훨씬 빠르게 진행되고 있다. 21세기에 세계 지도가 어떻게 바뀔지 누가 짐작이나 하겠는가. (2009년 7월 25일)

이인식의 멋진과학 117
시위대를 현명하게 진압하는 전략

　야구장에서 상대편 선수에게 야유를 퍼붓는 응원단이나 밤거리를 누비며 구호를 외치는 시위대는 거리낌 없이 과격한 언행을 한다. 누구나 군중 속에 섞이면 소리를 지르기도 하고 돌멩이를 던지기도 한다. 이른바 군중심리가 그들을 그렇게 만든다고 볼 수 있다.
　평범한 사람도 일단 군중의 익명성 뒤로 숨게 되면 자제력을 잃고 도덕적 판단 능력을 상실하기 때문에 평소와 달리 난폭해지고 멋대로 굴게 되는 것으로 여겨진다. 군중이란 단어가 오합지졸이나 폭도를 연상시키는 것도 그 때문이다. 인종, 종족, 종교 갈등 과정에서 군중이 폭도로 돌변해 살인, 방화, 강간을 일삼은 사례는 역사의 기록에서 쉽게 찾아볼 수 있다.
　그러나 군중의 폭력성은 특수 상황에서 나타나는 예외적인 현상일 따름이라고 주장하는 연구 결과가 발표되었다. 영국 서섹스대 심리학자 존 드러리는 군중이 재난을 당했을 때의 심리 상태에 주목했다. 그는 11건의 군중 재난 사건에서 살아남은 사람들을 면담했다.

영국에서 축구 경기장이나 연주회장이 붕괴되어 많은 관중이 죽거나 다친 사건의 생존자들을 만나서 그들의 체험담을 채집한 것이다. 생존자 대부분은 사고 당시 옆 사람들과 강력한 연대감을 느꼈다고 회상했다. 혼자만 살아 보겠다고 주변 사람을 밀치지 않고 질서 있는 행동을 하려고 최선을 다했다는 것이다. 특히 모르는 사람들에게도 도움을 주고 싶은 마음이 들었다고 술회했다.

2008년 계간 『영국 사회심리학 저널British Journal of Social Psychology』 온라인판 9월 11일 자에 실린 논문에서 드러리는 군중이 재난을 당해 생명이 위태로운 순간일지라도 공포감에 사로잡히지 않고 낯선 사람들을 구해 주려고 노력했다고 주장했다. 이러한 군중의 협동이 없었더라면 더 많은 사람이 다치고 죽었을 것이라고 덧붙였다.

드러리는 실험을 통해 군중이 상황에 따라 얼마나 빠르고 쉽게 심리적으로 일체감을 갖는지를 보여 주고, 2009년 『영국 사회심리학 저널』 온라인판 6월 11일 자에 연구 결과를 발표했다.

군중이 제멋대로 행동하지 않고 강력한 연대감을 구축하는 심리 과정은 사회적 정체성 이론(social identity theory)으로 설명된다. 1979년 영국 사회심리학자 존 터너가 발표한 이 이론은 개인들이 가령 "우리 모두는 붉은악마"라고 말할 때처럼 특정 집단의 정체성을 공유했다고 느끼게 되면 서로를 신뢰하며 힘을 합친다고 주장한다. 군중 안에서

정체성을 확인한 사람들은 판단 능력을 상실하지 않고 개인의 이익보다 집단의 공통 이해를 위해 결정을 내리기 때문에 군중은 단순한 오합지졸에서 벗어나 정신적 공동체가 된다는 것이다.

드러리의 연구 결과에 동의한다면, 두 가지 교훈을 얻을 수 있다. 첫째, 집단이 재난을 당했을 때 남을 도우려는 심리 상태가 되므로 전체적으로 생존 확률은 높아진다는 것이다. 둘째, 군중은 이성을 잃고 난폭해지므로 강압적으로 다루어야 한다는 고정관념에서 벗어나야 한다는 것이다.

이를테면 경찰이 힘으로 시위대를 밀어붙이는 것은 반드시 효과적인 방법이라 할 수 없다. 경찰의 과잉 진압이 시위 군중을 과격하게 만든다는 뜻이다. 이에 선뜻 수긍하는 우리나라 경찰관이 얼마나 될는지. (2009년 8월 1일)

이인식의 멋진과학 118
돈은 마약이다

많은 사람이 돈에 울고 돈에 웃는 삶을 꾸려 간다. '돈만 있으면 귀신도 부릴 수 있다.'는 속담이 있다. 돈만 있으면 못할 일이 없다는 뜻이다. 돈은 경제활동을 좀 더 효율적으로 할 수 있게 하는 교환의 수단일 따름이지만 돈의 위력 앞에서 마음이 흔들리지 않는 사람을 찾아보기 힘들다.

사람이 돈에 병적으로 집착하는 이유가 밝혀지고 있다. 2006년 영국 엑시터대 심리학자 스티븐 레어는 『행동 및 뇌 과학Behavioral and Brain Sciences』 온라인판 4월 5일 자에 발표한 연구 결과에서 돈이 마치 중독성이 강한 마약처럼 마음에 작용한다고 주장했다.

돈에 중독되기 때문에 돈을 벌기 위해 일벌레가 되며 비정상적으로 돈을 낭비하게 되거나 충동적으로 도박에 빠져든다는 것이다.

레어는 돈이 니코틴이나 코카인처럼 뇌의 보상체계(reward system)를 활성화시킬 수 있다고 제안했다. 보상체계는 인류의 지속적 생존을 위해 필수적인 행동, 예컨대 식사, 섹스, 자식 양육 등을 규칙적으로 해나갈 수 있도록 쾌락으로 보상해 주는 신경세포의 집단이다.

니코틴이나 코카인 같은 중독성 물질은 보상체계가 그것들을 음식이나 섹스처럼 필요 불가결한 것으로 느끼게 만든다. 요컨대 돈이 보상체계를 활성화시키므로 돈이 떨어지면 끼니를 거른 것처럼 고통을 느끼지만 돈이 생기면 곧장 쾌감을 느낀다는 것이다.

현생인류가 돈을 갈구하는 욕망이 진화된 이유를 설명하는 연구 결과도 나왔다. 2006년 프랑스 심리학자 바바라 브리어스는 『심리과학』 11월호에 사람의 마음속에서 현금에 대한 욕망은 식욕과 비슷하다는 논문을 발표했다.

실험 결과 배고픈 사람은 배부른 사람보다 자선단체에 기부금을 적게 내려고 한 것으로 나타났다. 또한 복권에 당첨되어 거금을 손에 넣는 순간을 꿈꾸면서 돈을 탐내는 사람들은 과자를 누구보다 많이 먹었다. 브리어스는 이러한 결과가 나온 것은 뇌 안에서 음식을 생각하도록 진화된 신경회로가 돈에 관한 욕구도 함께 처리하기 때문이라고 설명했다.

사람들이 돈 때문에 일희일비하는 이유를 현대사회의 규범으로 설명하는 이론도 나왔다. 2008년 2월 미국 행동경제학자 댄 애리얼리가 펴낸 『상식 밖의 경제학*Predictably Irrational*』을 보면 현대인은 두 개의 세계, 곧 사회규범이 지배하는 세계와 시장 규범이 우세한 세계를 동시

에 살고 있기 때문에 돈과 관련된 행동에 곧잘 문제가 발생하게 된다.

사회규범은 장기적 관계, 신뢰, 협동을 유지하기 위한 것으로 온정적이며 두루뭉술하다. 한편 시장 규범은 돈이나 경쟁과 관련되며 개인이 이익을 추구하도록 한다.

애리얼리는 사회규범과 시장 규범을 잘 구분하면 인생이 만사형통이지만 두 규범이 충돌하면 문제가 나타난다고 주장했다. 가령 사회규범이 우세한 상황에서 재력을 과시하거나, 시장 규범이 지배하는 상황에서 대가를 치르지 않으면 갈등이 생긴다는 뜻이다.

영국 과학 저술가 마크 뷰캐넌은 『뉴 사이언티스트』 3월 21일 자에 기고한 글에서 돈이 단순한 교환 수단이라기보다는 사람의 마음, 특히 정서를 흔들어 놓는 힘을 지니고 있으므로 "경제학자들이 화폐의 개념을 재정립할 때가 되었다."고 강조했다. (2009년 8월 22일)

이인식의 멋진과학 119

심리적 거리 활용하면 창의성 좋아진다

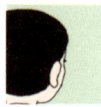

천재 중에는 창조적 작업을 하는 과정에서 특이한 상황에 의존한 경우가 적지 않다. 칸트는 자기 방 창문에서 보이는 탑을 뚫어지게 응시하면서 영감을 얻곤 했다. 프로이트는 백 개비도 넘는 담배를 피우며 기분 전환을 시도했다. 발자크나 플로베르처럼 술에 의존한 소설가들은 수도 없이 많다. 이러한 사례를 통해 창의성이 개인의 타고난 재능이긴 하지만 특이한 상황의 영향을 받는다는 사실을 확인할 수 있다.

10여 년 전부터 사회심리학자들은 보통 사람들도 상황을 활용하면 창의적 능력을 끌어올릴 수 있다는 연구 결과를 내놓았다. 사람을 때때로 창의적으로 만드는 상황의 하나로 '심리적 거리'(psychological distance)가 손꼽힌다. 심리적 거리는 '해석 수준 이론'(CLT: construal level theory)에 의해 설명된다. CLT는 심리적 거리가 어떻게 개인의 사고와 행동에 영향을 미치는지 분석한다. 한마디로 객관적인 상황 자체보다 그에 대한 해석이 중요하다는 뜻이다.

1998년 미국 뉴욕대 야코브 트롭과 이스라엘 텔아비브대 니라 리버만은 『인성과 사회심리학 저널(JPSP)』에 처음으로 CLT를 발표했다. 사람은 동일한 사건에 대해서도 시간적 거리에 따라 다르게 판단하는 성향이 있다고 주장했다. 이어서 이들은 시간적 거리는 물론 공간적 거리나 사회적 거리에 의해서도 동일한 사건이 달리 해석된다는 이론을 완성했다. 2007년 『소비자 심리학 저널 Journal of Consumer Psychology』에 발표된 CLT에 따르면 사람들은 동일한 사물에 대해 심리적으로 시간·공간·사회적 거리가 가깝다고 여기면 구체적으로 해석하는 반면에 그렇지 않다고 느끼면 추상적으로 해석하는 성향이 있다. 요컨대 시간·공간·사회적으로 '심리적 거리'가 먼 사물일수록 더욱 추상적으로 해석된다.

2009년 미국 인디애나대 심리학자 라일 지아는 『실험사회심리학 저널(JESP)』 온라인판 6월 9일 자에 공간에서 심리적 거리를 증대시키면 창의성이 향상된다는 실험 결과를 발표했다. 사물을 멀찌감치 두고 생각하면 좀 더 창의적으로 되는 까닭은 사물을 좀 더 추상적으로 보기 때문이다. 가령 옥수수를 가까운 거리에서 구체적으로 보면 낱알을 생각하며 식품으로밖에 여기지 않지만 먼 거리에서 추상적으로 보면 땔감을 연상하게 된다. 이를테면 옥수수가 생물연료인 에탄올의 원료로 각광을 받고 있는 사실을 떠올리게 된다. 서로 연관이 없는 개념인 곡물과 에너지를 동시에 연상하는 것은 그만큼 창의적 사고를 하게 되었다는 뜻이다.

이 연구 결과에 대해 CLT 제안자인 니라 리버만은 일상생활에서 응용할 만한 가치가 있다고 높게 평가했다.『사이언티픽 아메리칸』온라인판 7월 21일 자에 기고한 글에서 리버만은 심리적 거리를 응용하여 창의성을 향상시킬 수 있는 간단한 방법을 열거했다. 먼 나라로 여행을 떠난다. 여의치 않으면 그곳에 가는 것을 꿈꾼다. 먼 훗날을 상상한다. 자신과 다른 사람들을 떠올려 본다. 리버만은 불가능해 보이는 문제에 봉착하더라도 쉽게 포기하지 말라고 충고한다. 그 문제와 거리를 두고 씨름하다 보면 언젠가 답이 나올 테니까. (2009년 8월 29일)

왜 명품을 살까?

왜 미국 하버드대 졸업장을 따는 데는 여느 지방대학보다 10만 달러가 더 들까? 왜 BMW는 보통 사람들이 타는 자동차보다 2만 5,000달러나 더 비쌀까?

이런 질문에 대해 시장 분석가들은 상투적인 모범 답안을 내놓을 테지만 미국 뉴멕시코대의 진화심리학자 제프리 밀러는 성선택 이론으로 설명한다. 지난 5월 중순 펴낸 저서 『소비Spent』에서 밀러는 미국 사회의 소비문화를 성선택으로 분석하여 주목을 받았다.

동물의 암수는 같은 종이라도 신체적 특징이 서로 다르다. 찰스 다윈은 수컷의 고환이나 암컷의 난소처럼 생식에 필요한 것은 자연선택에 의해 진화되었지만 남자의 수염처럼 한쪽 성에만 나타나는 것은 생식에 필요하지 않기 때문에 자연선택보다는 성선택에 의해 진화되었다고 설명했다.

1871년 발표된 성선택 이론의 상징은 수컷 공작의 장식용 꼬리이다. 공작 수컷이 암컷에게 구애할 때 사용되는 꼬리는 생존의 측면에서 상당한 부담이 된다. 화려한 빛깔은 포식자의 눈에 띄기 쉽고 긴 꼬리는 도망갈 때 장애가 되기 때문이다. 따라서 암공작이 긴 꼬리를 지닌 수컷을 선호하는 이유를 설명하는 이론이 다양하게 제시되었다.

가장 지지를 많이 받는 것은 1975년 이스라엘의 아모츠 자하비가 제안한 장애(핸디캡) 이론이다. 긴 꼬리는 수컷이 핸디캡을 극복할 능력, 곧 우수한 유전적 자질을 갖고 있음을 암컷에게 확인시켜 주는 증거이기 때문에 암컷이 그런 수컷과의 짝짓기를 선호한다는 것이다. 이를테면 수컷의 긴 꼬리는 '비용이 많이 드는 신호'(costly signal)인 셈이다.

2007년 밀러는 『인성과 사회심리학 저널(JPSP)』 7월호에 발표한 논문에서 이러한 값비싼 신호는 인간의 '과시적 소비'(conspicuous consumption)로 나타난다고 주장했다. 경제학에서 과시적 소비라는 개념을 처음 내놓은 인물은 노르웨이 출신의 미국 경제학자 소스타인 베블런(1857~1929)이다.

1899년 펴낸 『유한계급 이론 The Theory of the Leisure Class』에서 베블런은 도시의 소비자들이 비싼 사치품으로 장식하여 자신의 재력을 과시하려는 성향이 농후하다고 주장했다. 상대방이 얼마나 부유한지를 직접적으로 알 수 없는 상황에서는 과시적 소비만이 신뢰할 만한 재력의 지표가 된다는 뜻이다.

밀러는 생물학에서 과시적 소비에 해당하는 개념은 장애 이론이라

고 주장한다. 장애 이론에 따르면 인간의 로맨틱한 사랑은 필연적으로 과시적 소비인 셈이다. 상대의 환심을 사기 위해 과도한 선물, 과도한 웃음 공세, 과도한 외모 가꾸기를 하기 때문이다.

『소비』에서 밀러는 미국 사람들이 비용이 많이 드는 하버드대 졸업장이나 BMW 같은 명품을 선호하는 까닭은 짝짓기 승부에서 유리한 입장이 되고 싶어 하기 때문이라고 해석했다. 하버드대 졸업장이나 BMW는 공작새 수컷의 장식용 꼬리인 셈이다. 밀러는 과시적 소비 본능이 무의식적으로 작용하여 아낌없이 돈을 쓰게 되지만 명품의 효과는 제한적이라는 사실을 강조했다. 가령 BMW로 상대방의 관심을 끄는 데는 성공할 수 있겠지만 그의 신뢰나 사랑을 획득하려면 자신의 모든 것을 걸어야 하기 때문이다. (2009년 9월 5일)

이인식의 멋진과학 121

융합기술의 시대 온다

문화예술에서 과학기술까지 지식사회 전반에 걸쳐 융합 현상이 확산되는 추세이다. 장르 사이의 벽을 뛰어넘으면서 다른 분야의 지식을 아우르고 새로운 주제에 도전하는 지식 융합이 시대적 흐름으로 자리 잡게 된 까닭은 상상력과 창조성을 극대화할 수 있는 접근 방법으로 여겨지기 때문이다. 과학기술의 경우 융합의 중요성을 결정적으로 일깨워 준 것은 2001년 12월 미국 과학재단과 상무부가 융합기술(convergent technology)에 관해 함께 작성한 정책 문서이다.

'인간 능력의 향상을 위한 기술의 융합Converging Technologies for Improving Human Performance'이라는 제목의 이 보고서는 4대 핵심 기술, 곧 나노기술(N), 생명공학기술(B), 정보기술(I), 인지과학(C)이 상호 의존적으로 결합되는 것(NBIC)을 융합기술이라 정의하고 2020년 전후로 융합기술이 바꾸어 놓을 인류 사회의 미래상을 그려 놓았다.

이 문서 작성을 주도한 미하일 로코는 첫 문장에서 "우리는 새로운 르네상스의 문지방에 서 있다."고 천명했다. 르네상스의 가장 두드러진 특징은 학문이 전문 분야별로 쪼개지지 않고 가령 예술이건 기술이건 상당 부분 동일한 지적 원리에 기반을 두었다는 점이다.

융합기술은 전통산업과 첨단산업, 첨단 기술과 첨단 기술 사이의 경계를 넘나들면서 신기술과 신제품을 쏟아 내고 있다. 기술 융합을 선도하는 분야는 정보기술이다. 먼저 정보기술은 자동차, 조선, 중공업 등 제조업과 융합하여 경쟁력 향상에 일조한다.

정보기술을 이른바 굴뚝 산업에 접목시킨 대표적 융합기술은 자동차 텔레매틱스이다. 텔레매틱스(telematics)는 자동차, 항공기, 선박 등 운송 수단과 외부의 정보 센터를 연결하여 각종 정보와 서비스를 주고받을 수 있게 하는 기술이다. 이렇게 되면 자동차의 공간은 사무실, 자료실 또는 회의실로 바뀌게 된다.

첨단 기술 사이의 융합은 더욱 활발하게 진행되고 있다. 가령 정보기술과 생명공학기술은 인간게놈프로젝트(HGP)를 추진하는 과정에서 융합 학문인 생물정보학(bioinformatics)을 탄생시켰다. 생물정보학은 컴퓨터를 이용하여 생물학적 문제의 해결을 도모하므로 계산생물학(computational biology)이라고도 한다.

이를테면 대량의 생물학 관련 자료를 효과적으로 보관하고 나중에 신속히 검색하는 일은 컴퓨터의 도움 없이 불가능하다. 생물정보학의 발전에 따라 단백질체학(proteomics)과 시스템생물학(systems biology)이 급

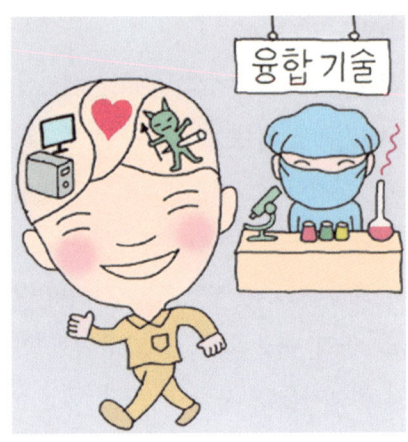

성장하게 되었다. 단백질체학은 게놈에 의해 발현되는 전체 단백질, 곧 프로테옴(proteome)의 구조와 기능을 연구하는 분야이다. 한편 시스템생물학은 생명체를 유전자와 단백질이 네트워크처럼 얽혀 있는 시스템으로 간주하고 생명현상을 설명한다.

생명공학기술은 나노기술과 융합하여 나노바이오기술을 출현시켰다. 생명체를 구성하는 물질을 나노미터 수준에서 조작할 수 있으므로 나노바이오기술은 질환의 발견과 치료에서 혁명적인 변화를 초래할 전망이다. 특히 나노 크기의 로봇이 개발되면 인류를 노화의 굴레로부터 해방시켜 줄 것으로 기대를 모은다.

교육과학기술부는 2008년 11월 '국가 융합기술 발전 기본 계획'을 수립하고 올 12월 'NBIC 융합기술 지도'를 완성할 계획인 것으로 알려졌다. (2009년 9월 12일)

뇌의 암흑물질을 찾아서

사람 뇌에는 신경세포(뉴런)가 1000억 개 들어 있다. 뉴런은 신체의 한 부위에서 다른 부위로 신경 신호를 전달한다. 인간의 단순한 행동, 예컨대 하품을 하는 일조차도 무수한 뉴런이 공동 작업을 한 결과이다.

말하자면 우리는 뉴런이 신호를 전달하는 속도보다 더 빨리 생각할 수 없고, 뉴런이 할 수 있는 정도를 넘어서는 기억 능력을 가질 수 없다. 뉴런의 역할이 워낙 중요해서 뇌 안에는 뉴런밖에 없는 것으로 오해하기 쉽다. 그러나 사람 뇌 안에는 뉴런보다 10배 가까이 많은 신경교세포(glial cell)가 들어 있다.

1856년 병리학의 아버지라 불리는 독일 의사 루돌프 피르호(1821~1902)에 의해 발견된 이 세포는 접착제인 아교(glue)를 뜻하는 그리스어로 명명되었다. 신경교세포가 뉴런이 제자리를 유지하도록 도와주는 역할을 하는 것으로 여겨졌기 때문이다.

뉴런은 서로 꼭 붙어 있지 않아서 신경교세포의 지원을 받지 않으면 제자리를 지키지도 못한다. 1조 개가 넘는 신경교세포는 100여 년이 지나도록 뉴런의 도우미 정도로 과소평가되었지만 1990년대부터 새로운 기능을 가진 것으로 밝혀지기 시작했다. 그동안 뇌의 10퍼센트인 뉴런에만 연구를 집중하고 90퍼센트인 신경교세포를 무시한 것이 올바른 방향이 아니었음을 확인하게 된 셈이다.

신경교세포는 종류가 다양하지만 네 가지 기능을 가진 것으로 밝혀졌다. 첫째, 뉴런이 제자리를 유지하게끔 도와주고 보호한다. 둘째, 혈액으로부터 포도당과 산소를 가져와서 뉴런에게 공급한다. 셋째, 뉴런의 축색돌기를 보호하는 조직을 형성하여 축색돌기의 신경 정보가 주변에 있는 다른 축색돌기의 방해를 받지 않도록 한다. 넷째, 뇌의 청소부로서 병원균을 파괴하고, 뉴런이 죽으면 분해하여 뇌 밖으로 내보낸다. 요컨대 신경교세포는 아교 이상의 역할을 수행하고 있다.

신경교세포 중에서 가장 많은 것은 성상세포(星狀細胞, astrocyte)이다. 별처럼 모든 방향으로 연결된다는 뜻에서 붙여진 명칭이다. 1990년 미국 예일대 신경과학자 앤 코넬-벨은 성상세포가 뉴런처럼 신경전달물질에 반응한다는 사실을 발견했다. 이는 성상세포가 신호를 주고받을 수 있다는 뜻이다.

바꾸어 말해 성상세포가 뉴런처럼 정보처리에 필요한 조건을 일부 갖추고 있다는 것이다. 만일 뉴런보다 훨씬 숫자가 많은 성상세포가 정보를 처리한다면, 뇌의 능력에 미치는 영향은 막대할 것이다. 지난 6

월 하순 미국 신경과학자 앤드루 쿱이 신경교세포 연구 동향을 정리하여 펴낸 『생각의 뿌리 The Root of Thought』에 따르면 성상세포는 인간을 창조적이고 상상력이 뛰어난 존재로 만드는 데 기여를 하는 것 같다.

미국 과학 월간지 『디스커버Discover』 9월호는 신경교세포를 '암흑물질(dark matter)'에 비유했다. 우주공간에 분명히 실재하지만 최고 성능의 망원경으로도 찾아낼 수 없기 때문에 눈에 보이지 않는 것으로 여겨지는 물질이 암흑물질이다.

우주를 구성하는 물질의 99퍼센트가 암흑물질인 것으로 알려졌다. 우주의 99퍼센트가 우리의 눈에 보이지 않고 숨겨져 있는 셈이다. 뇌의 90퍼센트를 차지하는 신경교세포 역시 미지의 상태에 있으므로 암흑물질에 견줄 만도 하다. 뇌에 대해 우리가 모르는 게 아직도 많은 것 같다. (2009년 9월 19일)

이인식의 멋진과학 123

마음속의 보름달

한가위에 한반도 밤하늘에 휘영청 밝게 뜨는 보름달은 우리 모두의 가슴에 향수를 불러일으키는 신통력을 갖고 있다.

달은 불교에서 평화와 아름다움을 뜻한다. 특히 초승달은 관음보살의 표지이다. 기독교에서 달은 대천사 가브리엘의 거처이다. 이슬람교는 달이 시간의 척도를 의미한다고 여겨 태음력을 사용한다. 초승달은 이슬람교의 상징이다.

달은 보편적으로 순환적 시간의 리듬을 상징한다. 따라서 옛날 사람들은 달이 초승달, 반달, 보름달로 위상이 바뀌면서 인간의 행동에 영향을 끼칠 수 있다고 생각했다.

정신이상을 뜻하는 영어 낱말(lunacy)이 로마의 달의 여신 루나에서 비롯될 정도였다. 중세 유럽인들은 만월이 되면 멀쩡한 사람도 늑대인간 또는 흡혈귀로 변신한다고 믿었다.

1980년대부터 생체시계를 연구하는 시간생물학(chronobiology)에 의해 달의 위상과 인간 행동의 상관관계를 보여 주는 사례가 밝혀지고 있다.

이를테면 장기 결근, 심장마비, 긴급 구조 요청 전화, 정신병 입원 환자의 증감이 달의 위상과 관련이 있는 것으로 나타났다. 폭음, 폭행, 강·절도, 강간, 자살 기도 따위가 만월 되기 2~3일 전에 급격히 증가하는 듯한 통계도 나왔다.

1995년 미국 조지아 주립대 심리학자들은 보름달일 때 음식을 더 먹고 술을 덜 마신다는 연구 결과를 발표했다. 1998년 이탈리아 수학자들은 출산 경험을 가진 여자일수록 보름 1~2일 뒤에 아기를 많이 낳는다는 사실을 밝혀냈다. 2000년 영국 통신회사 연구진들은 전화와 인터넷 사용 주기가 달의 위상과 일치함을 발견했다.

예컨대 보름달일 때 고객의 인터넷 사용이 가장 많았던 것으로 나타났다. 2007년 영국의 몇몇 경찰서는 보름달이 뜬 밤이면 범죄 발생률이 높아질 것에 대비해 경찰관 수를 늘린 것으로 알려졌다.

그러나 이러한 사례에도 불구하고 달의 위상이 사람 행동에 영향을 끼친다고 믿을 만한 과학적 근거는 아직까지 없다. 몇몇 그럴 법한 설명이 없는 것은 아니다. 가령 인체의 80퍼센트가 물이기 때문에 달의 중력이 바다의 간만(干滿)에 작용하는 것처럼 인체에 영향을 끼칠 수 있다는 이론이 한때 인기를 끌었으나 근거가 희박한 것으로 판명되었다.

1995년 미국 피츠버그대 대니얼 마이어스가 『응급의학 저널Journal of Emergency Medicine』에 발표한 논문에 따르면, 달의 중력은 사람의 행동

은커녕 뇌의 활동에도 영향을 주지 못할 만큼 미약하다는 것이다.

하지만 달이 사람의 행동에 어떤 영향을 끼친다는 믿음은 여전히 사라지지 않고 있다. 미국 에모리대 심리학자 스콧 릴리엔펠드는 그 이유를 일종의 '착각 상관'(illusory correlation)으로 설명했다. 2009년 『사이언티픽 아메리칸 마인드』 2~3월호 고정 칼럼에서 인간의 마음이 만들어 낸 착각일 따름이라고 주장했다.

옛날 옛적에는 보름날에 즈음하여 3일 동안 반달일 때보다 달빛이 12배 정도 강력해서 여느 밤보다 열심히 쟁기를 갈고 농작물을 돌보며 늦게 잠자리에 들었다. 그러나 오늘날 달빛을 고마워하는 사람들은 별로 없다. 가장 밝은 보름달일지라도 100와트 전구의 적수가 못 되니까. 고향을 찾는 사람들 가슴속의 한가위 보름달도 과연 그럴까.

(2009년 9월 26일)

창조 경제의 주역, 영재 기업인

지식사회에서 지식재산 사회로 이동이 시작되었다고 주장하는 목소리가 커지고 있다. 지식재산(intellectual property)은 특허, 실용신안, 상표, 디자인 같은 산업재산권과 저작권을 통틀어 일컫는 용어이다. 지식재산 사회에서는 지식재산이 기업의 시장가치를 좌우하는 '창조 경제'(creative economy)가 핵심이 된다.

창조 경제 시대가 도래함에 따라 세계 각국은 국가 생존 차원에서 지식재산 정책을 강화하고 있다. 『월간조선』 10월호에 실린 특허청장 특별 기고에 따르면 미국은 백악관에 지식재산 집행 조정관을 설치했으며 제조업 강국 일본은 2002년 고이즈미 총리가 지식재산 입국을 천명했다. 2008년 중국은 2020년까지 최고 수준의 지식재산 국가 건설을 겨냥하는 전략을 수립하고 지난 3월 5일 원자바오(溫家寶) 총리가

제11차 전국인민대표대회에서 지식재산 전략을 국가 발전의 3대 전략으로 공표했다.

지식재산 사회의 근간인 창조 경제는 창의적인 기업가를 필요로 한다. 이를테면 지식재산 기업을 창업한 마이크로소프트의 빌 게이츠, 애플 컴퓨터의 스티브 잡스, 구글의 세르게이 브린과 같은 영재 기업인이 배출되지 않으면 세계 지식재산 전쟁에서 승리할 수 없으며 국가 경제의 성장 동력을 확보하기 어렵다.

영재 기업인은 호기심, 창의성, 도전 의식, 과제 몰입력이 남다른 것으로 나타났다. 지난 4월 말 빌 게이츠의 아버지가 펴낸 『삶을 보여 준다 Showing Up for Life』를 보면 게이츠는 고교 시절 책을 미친 듯이 읽었으며 하버드대를 중퇴할 때까지 7년간 컴퓨터 프로그램 작업에 몰두해 밤을 새우기 일쑤였다.

게이츠, 잡스, 브린은 공통적으로 창의력이 뛰어난 발명 영재들이다. 발명 영재를 조기에 발굴하여 영재 기업인으로 육성해 성과를 거둔 대표적인 사례는 미국 '매사추세츠 공대 기업가정신 센터'(MIT Entrepreneurship Center)이다. 이곳에서는 MIT 학생들에게 소규모 첨단 기술 기업을 창업하는 데 필요한 마음가짐과 핵심 역량을 가르친다. MIT 출신은 해마다 수백 개의 발명 특허를 내서 10여 개의 새로운 회사를 창업한다. MIT 졸업생이 만든 회사는 인텔, 휴렛팩커드를 비롯해 4,500개에 이른다(2001년 8월 현재). 또한 MIT는 정보기술, 생명공학 기술, 나노기술, 신경공학 기술 등을 융합하여 새로운 시장을 일구어 내는 인재를 양성하기 위해 '컴퓨터과학·인공지능 연구소'(CSAIL)와 '집단지능센터(CCI)'를 운영하고 있다. 융합기술을 흡수하여 혼자 힘으로 산업 하나를 창출해 낼 수 있는 이른바 지식 융합형 두뇌를 길러 내어 미국이 당면한 위기를 일거에 돌파해 보려는 전략으로 풀이된다.

우리나라 역시 특허청이 주도하여 영재 기업인 육성을 서두르고 있다. 내년에 카이스트와 포항공대에서 똑같이 '영재 기업인 교육원'이 문을 열 것으로 알려졌다. 소수 정예의 발명 영재를 선발해 지식 융합과 기업가정신 등 기본 자질을 함양하여 창조 경제의 주역으로 양성할 계획이다.

지난 8월 초 출간된 『기업가정신 Entrepreneurship』 제3판에 따르면 기업가는 타고나는 것이 아니라 만들어진다. 누구나 개인적 선택에 따라 기업가로 성공할 수 있다는 뜻이다. 빌 게이츠 같은 영재 기업인이 배출된다면 얼마나 반가운 일이겠는가. (2009년 10월 10일)

이인식의 멋진과학 125

성장 동력의 연료는 과학기술

청년 실업 문제를 일거에 속 시원히 해결해 주는 요술 방망이가 어디 없을까. 미국 경제 주간지 『비즈니스위크』 9월 7일 자 커버스토리는 "향후 3년간 보수가 괜찮은 일자리 100만 개를 새로 만들어 낼 수 있는 산업이 있는가?"라고 묻고 "하나도 없다."고 꼬집었다.

미국은 작금의 경제 불황으로 사라진 일자리 670만 개를 벌충하고 향후 10년간 필요한 일자리 1000만 개를 해결하기 위해 모두 1500만~1700만 개의 새 일자리를 창출해야 하지만 실현 가능성은 매우 낮은 것으로 분석되었다. 가장 중요한 이유는 미국 경제의 성장 동력에 연료가 떨어졌기 때문이라는 의견이 지배적이다.

성장 동력의 연료는 다름 아닌 과학기술이다. 미국 경제는 두 종류의 과학기술, 곧 기초과학과 응용 기술이 균형을 유지하며 발전한 덕분에 고속 성장이 가능했다. 이를테면 기초과학의 연구 성과가 응용 기술에 의해 산업화되는 미국식 사업 모델이 성공적으로 운영되었기 때문에 급여가 높은 일자리를 수백만 개씩 새로 만들어 낼 수 있었던 것이다.

이런 사업 모델을 뒷받침한 대표적 사례는 정보기술의 요람인 벨 연구소이다. 1925년 설립된 벨 연구소는 1947년 트랜지스터를 발명해 전자산업의 기폭제 역할을 했으며 노벨상 수상자를 6명이나 배출한 원천기술의 산실이었다. 벨 연구소의 기술은 반도체, 컴퓨터, 정보통신 분야에서 수많은 기업과 일자리를 만들어 냈다.

벨 연구소의 발견과 발명은 기술혁신을 불러오고 혁신은 산업의 생산성을 끌어올려 결국 미국의 경제성장으로 이어졌다. 그러나 2001년부터 벨 연구소의 기초과학 연구 예산이 삭감되기 시작해 종업원은 2001년 3만 명에서 오늘날 1,000명으로 줄어들었다. 80년 넘게 새로운 산업과 일자리를 창출해 온 벨 연구소는 이제 역사 속으로 사라질 운명이다.

벨 연구소의 쇠락은 기초과학과 응용 기술의 연결 고리가 끊어진다는 의미에서 미국 사업 모델이 붕괴된 상징적 사례로 여겨진다. 미국의 첨단 기술 기업인 IBM, 마이크로소프트, 휴렛팩커드 역시 연구 개발 예산을 대부분 3~5년에 승부가 나는 응용 과제에 투입하고 기초과학 분야에는 3~5퍼센트만을 투입하고 있는 실정이다. 이러한 상황에서 원천기술 연구를 강화하는 것만이 미국식 사업 모델을 되살려 내 많은 일자리를 창출할 수 있는 지름길로 여겨지고 있다.

기초연구 결과가 하나의 산업 또는 제품으로 실현되는 데는 15년

이상 소요된다. 『비즈니스위크』 커버스토리는 이 기간을 단축하기 위해 두 번의 역사적 성공 사례에서 배울 것을 주문했다. 하나는 2차 세계대전 당시 원자폭탄을 제조한 맨해튼 계획이고, 다른 하나는 1969년 사람을 달에 처음 보낸 아폴로 계획이다.

두 계획 모두 예상외로 빠른 시간에 성과를 거둘 수 있었던 것은 당시 대통령이던 프랭클린 루즈벨트와 존 케네디의 강력한 지도력과 지원이 뒷받침되었기 때문인 것으로 분석된다. 두 계획의 성공을 통해 정부의 역할이 무엇보다 중요하다는 교훈을 얻을 수 있지만 민간 부분의 몫을 과소평가할 일은 아니다. 미국이 예전의 사업 모델을 복원해서 생명공학기술, 보건 의료 산업, 녹색기술 등에서 수백만 개의 일자리를 만들어 낼지 지켜볼 일이다. (2009년 10월 17일)

소행성 충돌을 모면하려면

날마다 수많은 별똥(운석)이 밤하늘을 가로지르며 지구로 떨어지고 있다. 운석은 끊임없이 지구와 충돌하면서 상처를 남긴다. 지구 표면에는 150개 정도의 운석 구멍이 흩어져 있다. 가장 유명한 운석 자국은 멕시코 유카탄 반도에서 발견된 지름 195킬로미터의 구덩이이다.

1908년 6월 시베리아의 외딴 지역인 퉁구스카에서 운석 충돌 사건이 발생했다. 지름 60미터의 운석이 약 10킬로미터 높이의 상공에서 폭발해 거대한 불덩어리가 뉴욕 시 면적만 한 숲을 태우고 순록을 몰살했다. 만일 같은 일이 모스크바에서 일어났다면 수백만 명의 목숨이 사라졌을 것이다.

2008년 『네이처』 6월 26일 자에 실린 논문에서 미국 우주과학자들은 퉁구스카 사건과 비슷한 충돌은 500년에 한 번 발생할 것이라고 예측했다. 다시 말해 앞으로 50년 안에 그런 운석 충돌이 일어날 확률은 10퍼센트라는 뜻이다.

지구에 가장 큰 위협이 되는 것은 물론 소행성이다. 그 수가 많을 뿐만 아니라 대부분 미확인 상태이기 때문이다. 게다가 일부는 매년 달만큼이나 가까운 거리에서 지구를 지나치고 있으므로 지구는 자동차가 많이 다니는 네거리 한가운데 서 있는 사람처럼 위험한 상태이다. 2000년 8월 완성된 영국 정부의 보고서에 따르면 지구가 소행성과 충돌해 우리가 죽게 될 확률은 하늘에서 타고 있던 비행기의 충돌 사고로 숨질 확률과 동일하다.

지름 100미터짜리 소행성이 지구와 충돌하면 대도시를 순식간에 폐허로 만들 수 있다. 지름 1킬로미터짜리는 원자폭탄 1000만 개의 위력을 발휘해 지구 전체에 피해를 안겨 줄 수 있다. 지름 100미터 정도 소행성은 10만 개, 1킬로미터 이상 되는 것은 1,000~2,000개가 있으며 대부분 확인되지 않은 상태인 터라 지구의 안전에 적신호가 켜져 있다.

따라서 과학자들은 소행성과의 충돌을 모면하는 방법을 궁리하고 있다. 두 가지 방법이 제안되었다. 하나는 소행성을 폭파시키는 것이고, 다른 하나는 소행성의 궤도를 바꿔 주는 방법이다. 작은 소행성은 영화 「아마겟돈Armageddon」(1998)에서처럼 핵폭탄이 탑재된 로켓을 발사해 폭파시키고, 큰 소행성은 영화 「딥 임팩트Deep Impact」(1998)에서처럼 우주선을 발사해 진로를 바꿔 주면 충돌에 따른 지구의 재난을 최소화할 수 있을 것으로 여겨진다.

두 가지 방법 중에서 소행성 파괴보다 궤도 수정 쪽이 실현 가능성

이 더 높은 것으로 분석되었다. 지구에 근접하는 소행성의 속도가 워낙 빨라 소행성을 요격하기가 쉽지 않다는 것이다. 그러나 소행성의 궤도를 바꿔 주는 기술은 2005년 미국 항공우주국의 '딥 임팩트 프로젝트' 성공으로 그 가능성이 입증되었다. 그 밖에도 다양한 궤도 변경 기술이 연구되고 있다.

하지만 이런 몇 가지 방법으로 인류의 안전이 보장될 수 있다고 생각하는 것처럼 어리석은 일은 없을 터이다. 2008년 12월 미국 공군이 처음으로 전문가들을 초빙해 소행성 충돌에 대처하는 능력을 점검한 것도 그 때문이다. 결론은 소행성이 지구와 충돌할 때 속수무책이라는 것이다. 영국 주간지 『뉴 사이언티스트』 9월 26일 자 커버스토리는 소행성 충돌에 대비하여 조기 경보 체제를 서둘러 준비하고 인명 피해를 줄이는 방안을 강구할 것을 주문했다. (2009년 10월 24일)

이인식의 멋진과학 127

착하게 태어난다는 것

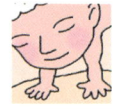

사람 뇌에는 12쌍의 뇌신경이 있다. 뇌신경은 감각기관과 운동 계통을 뇌와 연결시켜 준다. 뇌신경 중에서 가장 길고 복잡하며 가장 넓게 분포한 것은 열 번째 뇌신경이라 불리는 미주신경(迷走神經)이다.

영어 명칭(vagus nerve)은 라틴어의 방황이란 뜻에서 연유된 것이다. 이 뇌신경은 머리에서 시작해 안면과 가슴 부위를 거쳐 복부까지 뻗어 있다. 후두, 기관지, 식도, 위, 폐, 간, 심장 등의 운동을 자극한다.

미주신경이 활성화되면 가슴이 따뜻하게 부풀어 오르는 듯한 느낌이 온다. 가령 다른 사람의 선행을 보고 감동을 느끼거나 좋은 음악을 듣고 기분이 좋아질 때처럼 가슴이 따뜻해진다. 일부 신경과학자들은 미주신경의 활성화가 남을 돌보는 감정이나 윤리적 직관과 관련된다고 주장한다. 대표적인 학자는 미국 캘리포니아대의 대처 켈트너이다.

켈트너에 따르면 휴식 상태에서 미주신경이 활성화되는 수준이 높은 사람은 동정심, 감사, 사랑, 행복감을 느끼기 쉽다. 이런 정서는 이타주의를 촉진한다. 이를테면 남을 배려하고 기꺼이 베풀며 협조를 아끼지 않는다.

이런 맥락에서 지난 1월 펴낸 저서 『선량하게 태어나다*Born to Be Good*』에서 켈트너는 미주신경 덕분에 인간은 이타적 행동을 한다고 주장했다. 우리가 선행을 하고 협동하고 윤리적 판단을 할 줄 아는 능력을 진화 과정에서 정서의 일부로 지니게 되었다는 뜻이다.

요컨대 사람은 착하게 살도록 만들어졌다는 것이다. 이는 생물의 진화를 생존경쟁과 적자생존의 개념으로 설명하는 관점과 정면으로 충돌하는 셈이다.

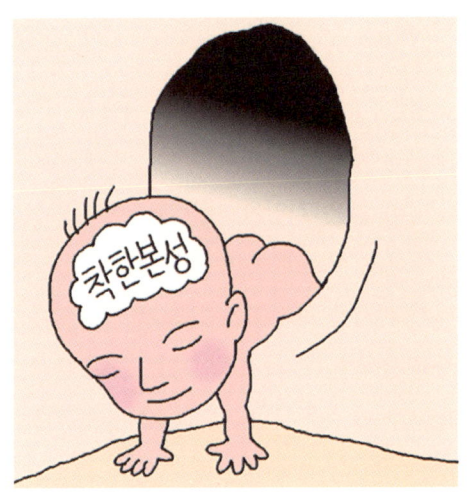

켈트너는 그의 저서에서 인간은 남을 돌보고 존경하고 겸손할 줄 아는 능력이 뇌, 몸, 유전자, 사회 관행에 모두 내포되어 있을 정도로 본질적으로 착한 존재라고 주장했다.

미국 격월간 『사이언티픽 아메리칸 마인드』 9~10월호에 실린 글에서도 켈트너는 친절, 관용, 자기희생, 협동심과 같은 이타적 정서를 누구나 타고나기 때문에 이것을 잘만 활용하면 자신은 물론 타인의 삶에도 행복을 안겨 줄 수 있다고 강조했다. 그가 열거한 몇 가지 사례이다.

첫째, 진정으로 남을 존경해 본 경험이 있거나 도덕적으로 우월한 사람들과 가까이 지내게 되면 인간관계의 감각을 향상시킬 수 있다. 둘째, 타인을 측은히 여기면 행복과 관련된 뇌 영역이 활성화되고 면역 기능이 좋아진다. 셋째, 교실이나 식탁 또는 일기장에서 감사해야 할 것들에 대해 관심을 표명하면 행복, 건강, 사회적 복지가 증진된다.

켈트너는 이타주의가 인간의 본성이라는 주장에 공감하면 사회적으로 미래가 밝다고 강조했다. 무엇보다 물질만능주의 문화가 사라지고 남에게 베푸는 사회적 즐거움을 중시하는 멋진 사회에서 살게 된다는 것이다.

멋진 삶은 직업에 따라 다양하게 실현된다. 의사들은 환자의 말을 경청하고 따뜻하게 어루만지는 자세를 가다듬게 된다. 학교에서는 배려와 존경을 중요한 덕목으로 가르친다. 교도소에서는 죄수들에게 명상을 권유한다. 최고경영자는 기부 행위가 회사 발전에 얼마나 보탬이 되는지 깨닫게 된다. 한마디로 살맛 나는 세상을 얼마든지 만들 수 있다는 것이다. (2009년 10월 31일)

100살까지 살려면……

　인간의 수명이 갈수록 늘어나면서 100살 넘게 사는 사람들이 급증하는 추세이다. 백세인(centenarian)이라 불리는 이들은 전 세계적으로 45만 명에 이른다. 백세인은 미국과 일본에 가장 많다. 2008년 11월 현재 미국에는 9만 6,000명 이상, 일본에는 3만 6,000명 이상이 살고 있다.
　우리나라는 2005년 11월 현재 961명으로 대부분 여자이다. 남자 104명(10.8퍼센트), 여자 857명(89.2퍼센트)이다. 이는 인구 10만 명에 2.03명인 셈이다. 10만 명 기준으로 백세인이 가장 많은 지역은 오키나와로 58명이다. 영국 주간지 『뉴 사이언티스트』 9월 5일 자에 따르면 2위 프랑스 32명, 3위 일본 28명이다. 하와이 20명, 영국·호주·캐나다 각각 15명, 미국과 이탈리아 각각 10명이며 중국은 1.5명인 것으로 집계되었다.

　인간의 평균수명이 상승하면서 백세인의 증가 속도도 빨라져 2030년이면 전 세계적으로 100만 명이 될 전망이다. 100살 넘은 노인이 많아지면 사회적, 윤리적, 경제적 딜레마에 봉착할 가능성을 배제하기 어렵다. 우선 장수 인구가 늘어나면 이를 보살펴야 하는 사회적 비용이 증가할 수밖에 없을뿐더러 백세인 당사자들은 각종 만성병에 시달리거나 무력한 노후 생활을 보낼 것으로 여겨지기 때문이다. 그러나 이러한 고정관념이 반드시 옳은 것은 아니라는 연구 결과가 잇따라 발표되고 있다.
　1998년 덴마크의 카르 크리스텐슨은 1905년에 태어난 3,600명을 모두 접촉해서 꾸준히 그들의 건강을 점검하고 3분의 1가량이 독자적으로 생활을 꾸려 나가는 것을 확인했다. 2005년에는 166명만이 살아 있었지만 100세가 된 이들의 3분의 1은 완전히 자급자족할 정도였다. 2008년 『미 국립과학원 회보(PNAS)』 9월 9일 자에 발표한 논문에서 크리스텐슨은 백세인처럼 장수하는 노인들이 모두 무기력하게 노후를 보내는 것은 아니기 때문에 사회적으로 부담을 느낄 필요는 없다고 주장했다.

물론 백세인은 건강이 완전하지 않더라도 독립적인 삶을 꾸려 나갈 수 있다. 대부분의 백세인이 한두 가지 질병으로 고통을 받는 것도 사실이다. 백세인의 70퍼센트 이상은 치매를 앓고 있다. 그럼에도 불구하고 백세인의 상당수가 건강한 여생을 보내는 것은 노인학의 핵심 연구 주제이다. 노인학에서는 장수 비결로 네 가지 요인, 곧 식사, 운동, 정신 건강, 사회 활동을 꼽는다. 요컨대 100세 이상 살고 싶은 사람은 생활 방식의 중요성을 간과해서는 안 된다는 뜻이다. 장수 원인의 70퍼센트까지 유전과 무관하다고 주장하는 학자도 있다.

하지만 세계에서 백세인의 인구 비율이 가장 높은 오키나와의 연구를 통해 유전이 환경 못지않게 수명에 영향을 미치는 것으로 밝혀졌다. 오키나와는 비교적 고립된 섬이므로 가까운 친족 사이에 짝을 짓는 경우가 많아서 서로 유전자를 공유할 가능성이 높다. 이러한 유전적 유사성으로 인해 오키나와 사람들이 장수할 운명을 타고나는 것으로 밝혀졌다. 노인학 전문가들은 나이가 들면서 경제 능력과 같은 환경 요인은 영향력이 약해지지만 유전자의 힘은 커진다고 주장한다. 백세인의 게놈(유전체)에서 '장수 유전자'를 찾아낼 수 있다면 누구나 오래 살 수 있는 세상이 올지 모른다. (2009년 11월 7일)

이인식의 멋진과학 129

행동은 감염된다

　친구 따라 강남 간다는 말이 있다. 친구가 하는 행동이면 무조건 흉내 내는 것처럼 우리는 곧잘 다른 사람의 행동에 감염되기 쉽다. 행동 감염은 일상적으로 겪는 현상이다. 우리는 누가 웃으면 따라서 웃고, 앞서 가던 사람이 괜히 하늘을 쳐다보면 덩달아 하늘을 응시하는 것처럼 남의 행동에 물들게 마련이다.
　「뉴욕 타임스 매거진」 9월 13일 자 커버스토리에 따르면 행동 감염은 사회학의 핵심 연구 주제이다. 1940~1950년대에 사회과학자들은 사회적 연결망(네트워크)이 사람의 행동에 미치는 영향을 분석하고 정보와 소문이 퍼져 나가는 현상을 연구하기 시작했다.
　대표적 학자인 미국 컬럼비아대 폴 래자스펠드(1901~1976)는 상품이 시장에서 인기를 얻는 과정을 밝혀내고 정치적 견해가 친구 사이에 전파되는 형태를 연구했다. 1980~1990년대에는 미국 청소년의 흡연이 사회문제로 부상함에 따라 보건 전문가들은 10대 집단에서 친구의 영향으로 담배를 피우게 된다는 사실에 주목했다.

2000년 1월 미국 저술가 말콤 글래드웰이 퍼낸 『티핑 포인트*The Tipping Point*』가 베스트셀러가 되면서 행동 감염은 여론이나 유행 같은 대중문화 현상을 설명하는 개념으로 널리 알려졌다.

2002년 하버드대 사회학자 니콜라스 크리스태키스와 캘리포니아대 정치학자 제임스 파울러는 사회적 감염 연구에 착수하여 획기적인 성과를 거두었다. 두 사람은 '프래밍험 심장 연구'(Framingham Heart Study)를 활용했다.

1948년부터 프래밍험에 사는 1만 5,000명과 그 자손을 대상으로 오늘날까지 50년 넘게 심장질환의 위험 요인을 규명하는 대규모 연구이다. 두 사람은 이 연구 기록을 토대로 프래밍험 주민이 친구 또는 친척과 어떻게 연결되었는지 분석하고 비만, 흡연, 행복이 사회적으로 전염되는 현상임을 밝혀냈다.

1971년부터 2003년까지 32년간 프래밍험 주민의 체중 변화를 분석하고 사회적 네트워크가 비만에 미치는 영향을 연구한 결과, 뚱뚱한 주민이 있으면 그 친구가 비만일 확률은 57퍼센트 더 높은 것으로 나타났다. 친구의 친구가 비만이면 프래밍험 주민은 20퍼센트 더 뚱뚱하고 친구(1)의 친구(2)의 친구(3)가 비만이면 뚱뚱보가 될 가능성은 10퍼센트 더 높았다.

한 사람이 살이 찌면 3단계 떨어진 사람에게까지 영향을 미치는 셈이다. 2007년 『뉴잉글랜드 의학 저널New England Journal of Medicine』 7월 26일 자에 게재된 논문에서 비만은 개인의 유전적 성향이나 생활 습관 못지않게 주변 사람에 의해 감염되는 사회적 질병이라고 주장했다.

2008년 두 사람은 프래밍험 자료를 분석하고 흡연 역시 비만처럼 친구의 영향을 받는다는 연구 결과를 『뉴잉글랜드 의학 저널』 5월 22일 자에 발표했다.

두 사람은 비만과 흡연에 이어 행복도 사회적 네트워크에서 바이러스처럼 마음에서 마음으로 전염되는 현상임을 밝혀내고 2008년 『영국 의학 저널British Medical Journal』 온라인판 12월 4일 자에 연구 결과를 발표했다.

  지난 9월 말 펴낸 공저 『연결되다*Connected*』에서 두 사람은 우리가 행동을 잘만 하면 3단계 네트워크에 연결된 1,000명 정도를 날씬하고 건강하며 행복하게 만들 수 있다고 강조했다. (2009년 11월 14일)

이인식의 멋진과학 130

마음을 읽는다

　열 길 물속은 알아도 한 길 사람 속은 모른다는 속담이 정녕 옛말이 되는 날이 다가오고 있는 것 같다. 상대방이 무엇을 생각하고 있는지 알아내는 기술이 잇따라 개발되고 있기 때문이다. 마음을 읽는 이 기술은 '신경 해독'(neural decoding)이라 불린다. 기능성 자기공명영상 장치로 뇌를 주사(스캔)하여 측정한 신경 정보를 해독해서 마음을 읽어 내는 기술이다.

　먼저 사람이 무엇을 보고 있는지 알아내는 소프트웨어가 나왔다. 2008년 미국 캘리포니아대 신경과학자 잭 갤란트는 『네이처』 3월 20일 자에 실린 논문에서 기능성 자기공명영상 장치로 뇌의 시각피질을 스캔한 정보를 해독하여 사람이 본 영상을 식별할 수 있는 소프트웨어를 개발했다고 보고했다.

이 소프트웨어는 여러 그림 중에서 사람이 본 영상과 가장 가까운 것을 골라냈다. 이어서 11월에 일본 신경과학자 가미타니 유키야스는 『뉴런Neuron』에 진일보된 기술을 발표했다. 신경 해독 기술로 사람이 본 영상을 흑백사진처럼 재구성하는 소프트웨어를 개발한 것이다.

신경 해독으로 머릿속에 저장된 기억 내용을 읽어 내는 기술도 발표되었다. 2009년 영국 유니버시티 칼리지 런던(UCL) 신경과학자 엘레너 맥과이어는 『시사 생물학Current Biology』 3월 12일 자에 해마를 스캔하여 사람이 있었던 위치를 밝혀냈다는 연구 결과를 발표했다. 측두엽 피질 아래쪽에 있는 바다 말 모양의 해마는 기억의 형성과 보존에 핵심적인 영역이다. 이 연구는 장소와 같은 공간 정보의 해독 가능성을 보여 준 성과로 평가된다.

지난 10월 17일 개최된 미국신경과학회 총회에서도 몇 가지 신경 해독 사례가 발표되었다. 잭 갤란트는 이 분야의 개척자답게 인상적인 연구 결과를 내놓았다. 뇌 활동만을 스캔해서 사람이 감상한 영화 장면을 있는 그대로 재현할 수 있는 소프트웨어를 선보였다.

독일 신경과학자 존-다이랜 해인즈는 신경 해독 기술로 사람이 간단한 일을 계획하고 처리하는 의도를 예측했다. 또한 이상식욕 환자에게 음식의 영상을 보여 주고 뇌의 활동을 통해 식욕감퇴증과 다식증 중 어느 쪽에 시달리고 있는지 알아내기도 했다.

신경 해독의 핵심 연구 과제에는 언어도 포함된다. 미국 카네기멜론대의 마셸 저스트는 'celery(셀러리)'와 'airplane(비행기)' 같은 두 명사 중에서 어느 것을 생각하고 있는지 예측할 수 있다고 보고했다. 또한 두

단어로 구성된 문구에 대해 연구 중이다. 저스트는 신경 해독 연구의 궁극적인 목표를 짧은 문장에 두고 있지만 실현 가능성은 낮은 것으로 여겨진다.

뇌를 스캔해서 사람의 생각을 간파하는 신경 해독은 충격적인 기술이긴 하지만 근본적인 한계 때문에 진정한 의미의 '독심술(mind reading)'과는 한참 거리가 멀다고 할 수 있다. 우선 사람의 뇌를 여러 차례 스캔해야 결과를 얻을 수 있기 때문이다.

더욱이 테러리스트가 비행기를 폭파시킬 음모를 꾸미는지 예측하는 것과 같은 독심 능력을 기대할 수도 없다. 하지만 신경 해독 기술의 윤리적 문제를 간과해서는 안 된다는 목소리가 나오기 시작했다. 다른 과학기술처럼 신경 해독도 양날의 칼이 될 가능성이 크다는 뜻이다. (2009년 11월 21일)

이인식의 멋진과학 131
명상을 만들어 낸다

티베트의 정신적 지주인 달라이 라마는 노벨 평화상을 받은 종교 지도자이지만 과학에도 지대한 관심을 가진 것으로 알려졌다. 1980년 대에 저명한 신경과학자 프랜시스코 바렐라와 함께 '마음과 삶'(Mind and Life) 연구소를 설립하고 2년에 한 번씩 세계적인 과학자들과 인간의 의식, 잠과 꿈, 죽음, 임사 체험 같은 다양한 주제를 토론하고 있다.

이 연구소의 목적은 영성과 과학 사이의 간극을 좁히는 일이다. 가령 2000년 3월에는 티베트 불교의 명상 수행을 뇌 영상 기술로 분석했다. 그 결과는 2003년 9월 미 매사추세츠 공대에 모인 1,000여 명의 과학자에게 공개되었다. 명상 중에 뇌에서 일어나는 변화를 이해하는 데 도움이 되는 영상 자료를 발표한 것이다.

2005년 11월 달라이 라마는 미국신경과학회 총회에 참석해 신경과학자 1만 4,000명 앞에서 강연했다. 일부 과학자가 그의 참석을 저지하려고 서명운동을 벌였으나 무위로 돌아갔다. 그는 아침마다 네 시간씩 명상하는 일이 힘들다고 털어놓으면서, 자신의 뇌에 전기 충격을 가해 마음이 평화로운 상태가 될 수만 있다면 날마다 힘들게 명상할 필요가 없어 좋지 않겠느냐는 농담까지 곁들였다.

명상 수행으로 신체에 변화가 발생한다는 사실은 여러 차례 확인되었다. 1967년 하버드 의대의 허버트 벤슨은 초월 명상(TM) 수행자들이 명상하는 동안 일어나는 신체 변화를 밝혀냈다. 평소에 비해 호흡할 때 17퍼센트가량 산소를 덜 쓰고, 1분당 심장박동 수가 3회 떨어지며, 휴식과 이완에 관련된 뇌파인 세타파가 증가했다.

벤슨 교수의 연구 이후 여러 학자에 의해 명상은 스트레스를 줄여주고 인체의 면역 기능을 향상시킬 수 있음이 밝혀졌다. 따라서 의사들은 심장병, 에이즈, 암 같은 만성질환을 예방, 완화 또는 통제하는 방법으로 명상을 권유한다.

미국 신경과학자 리처드 데이비드슨은 장기간 명상을 수행한 불교 신자와 일주일 전부터 하루 한 시간씩 명상을 시작한 대학생의 두피에 전극을 부착하여 뇌파를 측정하는 실험을 했다.

2004년 『미 국립과학원 회보(PNAS)』에 발표된 실험 결과는 주목을 받을 만했다. 장기 명상 수행자의 뇌에서 감마파가 발생한다는 사실이 처음으로 밝혀졌기 때문이다. 주파수가 30~100헤르츠인 감마파는 정상적인 사람의 경우 수면 중에 발생하는 뇌파이다. 데이비드슨의 연구 결과에 따라 뇌 안에서 감마파를 발생시키면 인위적으로 명상 효

과를 만들어 낼 수도 있다는 주장이 제기되었다.

미국 매사추세츠 공대와 스탠퍼드대 신경과학자들은 생쥐의 뇌세포를 자극해 감마파를 발생시키는 실험에 성공했다. 두 대학 연구진은 독자적으로 실험했지만 똑같은 결과를 얻어 냈다. 2009년 『네이처』 6월 4일 자에 나란히 발표된 두 연구 결과로 사람 뇌에서도 감마파를 발생시킬 수 있게 된 셈이다.

물론 이 실험 결과만으로는 달라이 라마에게 명상을 대체할 만한 기술을 제공하기는 어렵다. 하지만 감마파를 인공적으로 발생시키면 명상의 좋은 효과를 얻을 수 있을 것으로 기대된다. 더욱이 감마파가 비정상적이면 자폐증이나 정신분열증이 될 수 있으므로 정신질환 치료에도 보탬이 될 것 같다. (2009년 11월 28일)

이인식의 멋진과학 132

지력과학과 사이비 과학

　최근 미국 작가 댄 브라운의 신작 『로스트 심벌Lost Symbol』이 베스트셀러가 되면서 소설의 주요 배경이 되는 '지력(知力)과학'(noetic science)에 대한 관심이 증폭되고 있다. 그리스어에서 유래한 단어(noetic)는 '순이지적인', '순수이성에 의한', '지적 사색에 몰두하는' 등의 뜻을 지닌 철학 용어이다.
　하지만 지력과학 간판을 내건 사람들은 전혀 다른 개념의 단어로 사용한다. 1973년 지력과학 창시자들이 설립한 '지력과학 연구소'(IONS)의 설명에 따르면 지력과학은 심리학보다 훨씬 광범위하게 사람의 마음을 연구하는 과학이다.
　이 연구소 설립을 주도한 인물은 에드가 미첼(79)이다. 1971년 2월 아폴로 14호를 타고 달에 착륙해 걸어다녀 본 적이 있는 우주비행사

출신이다. 그는 지구로 귀환하는 3일 동안 우주에서 지구를 내려다보면서 생명에 대한 경외감을 느낀 나머지 지력과학의 필요성을 절감한 것으로 전해진다.

미첼과 함께 지력과학의 기틀을 잡은 학자는 미래 예측 전문가로 명성을 얻은 윌리스 하만(1918~1997)이다. 미국 스탠퍼드대 교수를 지낸 하만은 1975년부터 죽을 때까지 IONS 회장으로 있으면서 지력과학 이론을 정립했다. 1978년 하만은 계간 『IONS 회보』 봄호에 지력과학의 개념을 정리한 글을 실었다. 그는 과학의 발전을 두 단계로 단순화시키는 담대한 논리를 펼쳤다. 1단계는 물론 지력과학이 나오기 전의 모든 과학을 포함한다. 객관적 지식이 과학 발전의 기초가 되고 유물론적 세계관이 지배한 시기였다는 것이다. 그러나 이러한 접근 방법으로는 산업사회의 위기, 이를테면 에너지, 인구, 환경 등 전 지구적 문제를 해결할 수 없으므로 혁명적 방향 전환이 불가피하다.

하만은 1단계의 과학과는 정반대인 새로운 과학이 요구된다고 강조하고 주관적 세계, 곧 인간의 마음을 중시하는 지력과학의 시대가 시작되었다고 주장했다. 하만의 이론은 한마디로 지난 3세기 동안 서양 과학의 사고를 지배한 환원주의는 한계를 드러냈으므로 전일주의의 접근 방법에 관심을 가져야 한다는 것으로 요약된다. 사물을 간단한 구성 요소로 나누어 이해하면 그것들을 종합해 전체를 이해할 수 있다는 환원주의와 달리 전일주의는 사물을 구성 요소의 합계가 아니라 하나의 통합된 전체로 파악한다.

현대 과학의 환원론적 세계관에 도전한다는 의미에서 지력과학은

1960년대에 미국 사회를 풍미한 뉴에이지(New Age)과학의 연장선상에 위치한다고 볼 수 있다. 뉴에이지는 물질주의에 염증을 느낀 미국인들이 동양 종교의 영성주의에서 탈출구를 모색한 사회운동이다.

1980년대부터 우리나라에도 뉴에이지가 상륙해 이른바 신과학 열풍이 불었다. 신과학 운동을 주도한 학자들은 한사코 기존 과학을 부정하면서 신과학이 현대 문명의 대안을 제시할 것이라고 목소리를 높였다. 하지만 신과학 운동은 현대 과학의 성과를 지나치게 동양 사상이나 영성과 연결시켰기 때문에 사이비 과학이라는 비판을 받기도 했다.

지력과학 역시 연구 주제에 염력 따위의 초감각적 지각, 명상, 심령치료 등이 포함되어 있어 사이비 과학이라는 혐의를 벗어나기는 어려울 것 같다. (2009년 12월 5일)

바보야, 문제는 IQ가 아니야

미국 대통령으로 8년 재직하는 동안 조지 W. 부시는 정적뿐 아니라 측근으로부터 사려 깊지 못한 정치인 취급을 받았다. 그는 생각이 짧고 곧잘 어리석은 언행을 일삼는 사람처럼 여겨졌다. 하지만 부시의 지능지수(IQ)는 120 이상으로 미국 인구의 상위 10퍼센트에 들 정도였다. 부시처럼 머리가 나쁘지 않은 사람이 바보 같은 행동을 하는 이유는 심리학의 흥미로운 연구 주제이다.

IQ 검사의 타당성에 의문을 제기한 대표적 이론가는 미국 하버드대 인지심리학자 하워드 가드너이다. IQ 검사는 단일한 지능에 의해 다른 지적 능력이 모두 형성된다는 전제하에 이른바 일반 지능을 측정한다. 그러나 가드너는 1983년 펴낸 『마음의 틀 *Frames of Mind*』에서 여러 개의 독립적인 지적 능력이 존재한다는 다중지능(MI) 이론을 제안했다.

다중지능 이론은 IQ 검사 자체를 인정하지 않는 셈이다.

가드너처럼 지능의 개념을 다시 정의하려고 시도하는 대신 인지능력의 하나인 합리적 사고(rational thinking)에서 실마리를 찾는 학자들도 적지 않다. IQ 검사는 기억, 추리, 학습 같은 지적 능력을 효과적으로 측정하지만 일상생활에서 의사결정 할 때 필요한 능력은 가늠하기 어렵기 때문이다. 가령 우리는 날마다 어떤 음식을 먹을지, 어느 회사의 주식을 살지, 누구와 연애를 해야 할지 결정하지 않으면 안 된다. 말하자면 합리적 사고를 잘할수록 복잡한 세상에서 성공적인 삶을 꾸려 나갈 수 있다.

IQ 검사로 합리적 사고 능력을 가려낼 수 없는 까닭은 우리의 뇌가 두 가지 상이한 체계로 일상생활의 정보를 처리하기 때문이다. 하나는 직관(intuitive) 체계이고, 다른 하나는 숙고(deliberative) 체계이다. 직관 체계는 정보를 자동적으로 빠르게 처리한다. 가령 맞선 상대를 본 순간 금세 결혼을 결심한다. 숙고 체계는 정보를 깊이 생각해서 천천히 처리한다.

가령 신혼여행 갈 장소를 정할 때 심사숙고한다. 두 가지 정보체계 때문에 지적인 사람도 상황에 따라 즉흥적으로 의사결정을 하게 되는 것이다.

다시 말해 지능지수가 높은 사람도 직관으로 판단해서 엉뚱한 결정을 내릴 가능성이 크다고 할 수 있다. 지능지수가 높았음에도 불구하고 우둔한 사람으로 비친 부시가 그 좋은 예이다.

이런 문제를 15년 이상 연구한 캐나다 토론토대 응용심리학자 카이스 스태노비치는 지능과 직관 사이의 관계를 분석했다. 2008년 스태노비치는 『인성과 사회심리학 저널(JPSP)』 4월호에 실린 논문에서 지능이 높은 것과 직관적 판단의 오류에 빠지지 않는 능력 사이에는 아무런 관계가 없다고 주장했다.

이를테면 지능과 합리적 사고는 별개 능력이라는 뜻이다. 키가 크다고 누구나 유능한 농구 선수가 될 수 없는 것처럼 IQ가 높다고 누구나 합리적으로 의사결정을 하는 것은 아니라는 의미이다. 요컨대 IQ 검사로는 합리적 사고 능력을 측정하기 어렵다. 2009년 1월 스태노비치가 '지능검사가 놓친 것What Intelligence Tests Miss'이라는 제목의 책을 펴낸 것도 그 때문이다. 그는 『사이언티픽 아메리칸 마인드』 11~12월호에 기고한 글에서도 합리적 사고 능력을 측정하는 RQ(합리성 지수) 검사의 필요성을 역설했다. (2009년 12월 12일)

이인식의 멋진과학 134

전 지구적 공유지의 비극

　7일부터 18일까지 덴마크 코펜하겐에서 열린 유엔 기후변화협약 당사국 총회는 온실가스 감축 규제 방안을 도출하기 위해 진통을 거듭했다. 지구온난화와 같은 환경문제가 풀기 어려운 까닭은 본질적으로 공유지의 비극(tragedy of the commons) 상황이기 때문이다.

　산업화되기 전 영국에서는 오랫동안 커다란 공유지를 가운데 두고 모여 살았다. 마을이 공유하는 목초지에서 누구나 가축을 방목할 수 있기 때문에 너도나도 지나치게 많은 가축을 풀어 놓게 되면 단기간에 풀이 모두 사라질 수밖에 없었다.

　결국 공유지가 황폐화되면 마을 사람들 모두 가축을 키우지 못해 살림이 가난해진다. 개인의 욕심을 덜 챙기고 마을 전체의 이익을 위해 가축 수를 막무가내로 늘리지 않았다면 이런 비극적인 사태는 일어나지 않았을 것이다.

1968년 12월 미국 생태학자 개릿 하딘(1915~2003)은 『사이언스』에 발표한 논문에서 영국의 공유지처럼 개개인의 자제할 수 없는 욕심으로 전체적인 파국을 맞는 상황을 '공유지의 비극'이라 명명하고, 전 지구적 환경 위기에 경종을 울렸다. 이를테면 선진국과 개발도상국이 온실가스 감축 목표를 놓고 티격태격하지만 지구온난화는 인류 모두에게 파멸을 초래할 수 있다는 뜻이다.

공유지의 비극 상황을 해결하는 방법을 찾기 위해 공공재 게임(public goods game)이 활용된다. 게임 참가자 전원에게 돈을 똑같이 나누어 준다. 각자 금액 일부를 기부금으로 내놓는다. 기부된 액수는 두 배로 만들어져서 전원에게 균등하게 분배된다.

가령 4명이 게임에 참가하고 1,000원씩 주었을 경우, 모든 참가자가 300원씩 기부한다면 총액 1,200원의 2배인 2,400원을 4명에게 600원씩 똑같이 분배하기 때문에 참가자는 수중에 있는 700원과 합쳐 1,300원을 갖게 된다. 참가자에게 가장 매력적인 전략은 한 푼도 기부하지 않고 공동 기부금에서 자기 몫을 챙기는 이른바 무임승차이다.

물론 참가자 전원이 무임승차의 유혹을 뿌리치지 못한다면 공동 출자된 돈을 두 배로 불려 배분받는 혜택을 누리지 못하기 때문에 처음 받은 돈만 가질 수밖에 없게 된다. 공공재 게임은 공동의 이익을 위해 노력하면 개인에게 돌아가는 혜택이 있지만 무임승차를 해서 다른 사람이 희생하기만을 바란다면 손해라는 교훈을 함축하고 있다.

공공재 게임 같은 상황은 사회 전반에 걸쳐 일상적으로 발생한다.

공공재 게임에서 무임승차를 줄이지 않으면 공유지의 비극을 피할 수 없다. 무임승차를 줄이는 방법의 하나로는 처벌이 제시되었다. 2000년부터 스위스 경제학자 에른스트 페르는 이기적인 사람에게 징벌을 가하면 사람들이 협동하게 된다는 논문을 잇따라 발표했다.

한편 미국 하버드대 생물학자 마틴 노왁은 『뉴 사이언티스트』 11월 14일 자에 기고한 글에서 사람들은 타인으로부터 받는 평판에 민감하므로 이를 잘만 활용하면 환경문제 해결에 도움이 될 것이라고 주장했다. 가령 정부 법률로 자동차에 주행거리를 표시한 스티커를 부착하게 하면 남의 시선을 의식해 온실가스 배출에 부담을 느낄 터이므로 전 지구적 공유지의 비극 해소에 기여하게 된다는 것이다. (2009년 12월 19일)

이기적이면서 이타적인

인간의 본성을 토머스 홉스(1588~1679)만큼 냉혹하고 투쟁적인 것으로 묘사한 철학자도 드물다. "인간은 인간에 대해서 늑대"이므로 "만인의 만인에 대한 싸움"이 불가피해서 인간 생활은 실로 "외롭고 가난하고 더럽고 짐승과 같았으며 더욱이 단명이었다." 인간은 생존경쟁에서 살아남기 위해 이기적인 행동을 할 수밖에 없다. 하지만 일부 생물학자들은 인간의 본성이 친절하고 협력적인 부분을 갖고 있다는 연구 결과를 내놓고 있다.

독일 발달심리학자 마이클 토마셀로는 어린이를 대상으로 인간의 본성을 연구했다. 생후 12개월 된 아기가 어른이 잃어버린 척한 물건이 있는 위치를 가리켰다. 18개월 된 아기가 전혀 모르는 어른이 손에 듬뿍 물건을 든 채 문을 열려고 할 때 선뜻 돕는 것을 관찰했다.

3살쯤부터 어린이들은 자신에게 친절했던 친구에게 더 잘해 주는 것으로 나타났다. 이런 사례는 어린이들이 협동의 의미를 이해하는 능력을 갖고 있는 증거로 여겨진다. 말하자면 아이들은 협력을 통해 집단의 구성원이 되고 싶다는 의사를 표현한 셈이다. 겨우 3살짜리 어린이들이 집단을 위해 협동이 필요하다는 사실을 알고 있다는 것은 사람이 남을 돕는 본성을 갖고 태어난다는 주장을 뒷받침해 준다.

지난 10월 펴낸 『왜 우리는 협력하는가Why We Cooperate』에서 토마셀로는 사람이 남을 돕는 행동은 타고난 본성이며 교육이나 사회적 보상에 의해 함양될 수 있는 자질이 아니라고 주장했다. 어린이들은 기꺼이 협동할 줄 알기 때문에 집단의 규범을 따를 뿐만 아니라 다른 사람도 그렇게 할 것으로 기대한다.

이런 분별력이 인간 사회의 밑바탕을 형성하므로 사회규범을 어기는 사람을 처벌하는 제도가 출현하게 되었다. 토마셀로는 남을 돕는 본성이 진화한 까닭은 인류의 조상이 수렵 채집 생활을 할 때 서로 협력하지 않으면 집단 전체가 생존을 위협받았기 때문이라고 설명했다.

토마셀로는 어린이들이 물론 선천적으로 이기적이긴 하지만 또한 이타적인 본성을 타고나기 때문에 부모들이 자식들의 교육에 유의해 줄 것을 당부했다. 이른바 '유도성 가정교육'(inductive parenting)을 실시하여 자식들이 남과 협력하는 자질을 최대한 발휘하도록 지원해야 한다는 것이다. 유도성 가정교육이란 타인에 대한 행동의 결과에 대해 자식들과 의견을 교환하고 사회적 협력의 중요성을 가르치는 교육 방법이다.

　토마셀로의 주장은 미국의 저명한 영장류학자인 프란스 드 발의 생각과 거의 일치한다. 지난 9월 펴낸 『감정이입의 시대 The Age of Empathy』에서 드 발은 원숭이, 고래, 코끼리, 생쥐에게 모두 사람처럼 감정이입 능력이 있다고 주장했다.

　가령 코끼리는 새끼가 죽으면 며칠 동안 밤샘을 하며 곁을 떠나지 않는다. 2006년 캐나다 맥길대 연구진은 『사이언스』 6월 30일 자에 발표한 논문에서 다른 생쥐가 고통스러워하는 모습을 본 생쥐일수록 고통에 더 민감하다고 보고했다. 드 발은 인간 사회를 약육강식의 싸움터로 보는 고정관념이 득세하여 인간이 감정이입 능력을 타고난 사실이 무시되었다고 주장했다. 인간은 누구나 이기적임과 동시에 이타적인 존재라는 것이다. (2009년 12월 26일)

이인식의 멋진과학 136

생명에 대한 두 가지 도전

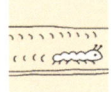

 2010년 세계 과학기술자들의 입에 가장 자주 오르내릴 키워드의 하나는 '생명'일 것 같다. 하늘에서 생명을 찾고 땅에서 생명을 만드는 일이 한 고비를 넘길 것으로 예상되기 때문이다.
 우리가 사는 은하는 약 1000억 개의 별로 이루어져 있다. 태양은 그중 한 개의 별에 지나지 않는다. 지구는 태양이 거느린 행성의 하나일 따름이다. 우주에는 우리의 은하와 같은 별 무리가 수십억 개 있다.
 따라서 많은 사람들은 저 광활한 우주 속 어딘가에 지구와 같은 고도의 문명사회가 존재할지 모른다는 상상을 하게 마련이다. 특히 1940년대 후반부터 미확인비행물체(UFO)를 목격한 사람들이 늘어남에 따라 지능을 가진 외계 생명체(ETI: extraterrestrial intelligence)가 비행접

시를 타고 지구를 방문할지 모른다는 소문이 시나브로 떠돌았다.

외계인을 과학적으로 탐사하는 이른바 SETI(Search for ETI)를 역사상 최초로 시도한 인물은 미국 천문학자 프랭크 드레이크이다. 1960년 30살의 드레이크 박사는 우주공간에서 가장 보편적인 전파의 주파수로 알려진 1,420메가헤르츠를 사용해 태양과 비슷한 두 개의 별을 관측했다.

태양처럼 행성을 갖고 있다면 지구 같은 문명 세계를 가진 행성이 있을지 모른다고 생각했기 때문이다. 드레이크는 동화에 나오는 공주 이름을 따서 오즈마(Ozma) 계획이라고 명명했다.

2010년 4월이면 오즈마 계획 50주년이 된다. SETI의 어려움은 우주라는 건초 오두막에서 바늘 한 개 찾는 일에 비유된다. 하지만 드레이크는 아직도 거대한 전파망원경 앞에 앉아서 외계인의 전갈을 하염없이 기다리고 있다. 정녕 우주에는 우리 말고는 지능을 가진 생명체가 없는 것일까.

2010년 전 세계의 주목을 받을 과학자로는 단연 크레이그 벤터(64)가 손꼽힌다. 자타가 공인하는 생명공학 분야의 거물이다. 그는 최초로 생명체(박테리아)의 유전자 전체(게놈)를 풀어냈고, 개인 기업을 운영하며 정부 지원을 받는 인간게놈프로젝트와 유전자 지도 작성을 놓고 경쟁을 벌였다.

그가 세 번째로 도전한 목표가 종전처럼 게놈을 분석하는 작업이 아니라 게놈을 합성하는 일이라서 그의 행보는 지대한 관심사가 되었다. 벤터처럼 생명체를 합성하려는 연구는 합성생물학(synthetic biology)

이라 불린다.

합성생물학은 반도체 기술을 생명공학에 융합한 분야이다. 반도체 소자처럼 상호 교환이 가능한 표준화된 생물학적 부품을 만들어 새로운 기능을 가진 생물체를 창조하려는 분야이다. 한마디로 합성생물학은 새로운 생물학적 부품, 장치, 시스템을 설계하고 실현하는 연구이다.

그 결과물은 생명 제2판(life version 2.0)이라 불린다. 조물주에 의해 탄생한 생명은 생명 제1판이 되는 셈이다. 생명 제2판으로 여겨지는 최초의 인공 생명체가 나타나면 인류가 조물주처럼 생명을 창조하는 능력을 갖게 되는 것이라고 볼 수 있다.

2008년 1월 벤터는 2년 뒤 실험실에서 합성한 게놈을 가진 살아 있

는 박테리아 세포를 만들어 낼 것이라고 선언했다. 최초의 인공 생명체는 신시아(Synthia)라 불린다. 2010년 그가 약속한 대로 신시아가 출현할지 온 세계는 주목하고 있다. 신의 영역에 도전하는 일이 될 테니까. (2010년 1월 9일)

사랑도 네트워크가 필요하다

새해 벽두부터 영화배우 김혜수와 유해진의 열애 소식이 화제가 되고 있다. 여자는 인기 절정의 미녀인 데 반해 남자는 평범한 외모의 조연급 출신인지라 썩 잘 어울리는 것 같지 않다고 여기는 사람들이 적지 않은 듯하다.

외모 지상주의가 판치는 우리 사회에서 충분히 나올 법한 반응이다. 두 사람의 연애는 로맨틱한 사랑이란 행운처럼 우연히 찾아오는 것이라고 굳게 믿고 있는 젊은이들의 가슴에 기대감을 불어넣고도 남음이 있다.

진실로 많은 사람들은 사랑에 빠지는 것은 지극히 개인적인 선택일 따름이며 제3자의 개입이 허용되지 않는 운명적인 사건이라고 확신하고 있다. 중매결혼을 별로 탐탁지 않게 여기는 사회 풍조가 팽배한 것도 그 때문이다.

하지만 로맨틱한 사랑이 대부분 극적인 만남에 의해 이루어지고 있지 않다는 연구 결과가 잇따라 발표되었다. 미국인을 대상으로 연애 상대를 만난 방법과 장소에 대해 가장 완벽하게 조사한 자료로 평가되는 것은 '시카고 성 조사'(Chicago Sex Survey)이다.

1992년 18~59세의 3,432명에게 연애 상대를 만난 경위를 물어본 결과 대부분 제3자의 소개를 받은 것으로 나타났다. 조사 대상자의 68퍼센트가 지인의 소개를 받았으며 스스로 상대를 찾은 사람은 32퍼센트에 불과했다.

하룻밤 풋사랑의 상대조차 53퍼센트가 다른 사람이 소개한 것으로 밝혀졌다. 요컨대 남녀가 자유스럽게 만나고 헤어지는 미국 사회에서도 낯선 사람과 우연히 눈이 맞아 사랑을 나눈 비율이 그다지 높지 않았다.

시카고 성 조사에 따르면 조사 대상자의 60퍼센트가 연애 상대를 학교, 직장, 교회, 사교 모임에서 만난 것으로 나타났다. 이러한 장소에서는 남녀가 관심사, 기호 또는 환경이 엇비슷한 상대를 물색하기 쉽다.

이런 통계는 로맨틱한 사랑이 영화나 소설에서처럼 느닷없이 벼락처럼 찾아오는 것이 아님을 보여 준다. 학교나 직장 같은 사회적 연결망(네트워크)이 남녀의 인연을 맺어 주는 중매쟁이 노릇을 톡톡히 해내고 있음이 밝혀짐에 따라 네트워크의 영향력이 미치는 범위에 대한 연구 결과가 나왔다.

미국 하버드대 사회학자 니콜라스 크리스태키스와 캘리포니아대 정치학자 제임스 파울러는 사회적 네트워크가 사람의 행동에 미치는 영향을 연구하여 세계적 명성을 얻었다. 2009년 9월 함께 펴낸 『연결되다Connected』에서 두 사람은 미지의 연인은 기껏해야 3단계 떨어진 연결망 안에 있다고 주장했다.

이를테면 친구⑴의 친구⑵의 친구⑶ 중 한 사람이 미래의 연인이 될 가능성이 크다는 뜻이다. 가령 독신인 사람이 20명 친구⑴를 알고, 그 20명 역시 20명 친구⑵를 알고, 다시 20명 친구⑶를 알고 있다면 결국 3단계 네트워크에서 모두 8,000명과 연결되는 셈인데, 그 안에 천생연분인 반려자가 존재한다는 것이다.

당신의 친구는 물론이고 친구의 친구, 또는 친구의 친구의 친구가 꿈속에서 찾아 헤매는 연인을 소개해 주지 말란 법이 없다. 당신과 백

년해로할 사람은 바로 당신 근처에 있다. 가수 이은미의 「애인 있어요」 노랫말처럼 당신만 모르고 있는지 모른다. 유해진과 김혜수는 차로 약 5분 거리인 곳에 떨어져 살고 있었다지 않은가. (2010년 1월 16일)

이인식의 멋진과학 138

은 나노에 빨간불 켜졌다

나노기술이 빠른 속도로 일상생활에 스며들고 있다. 나노기술은 1~100나노미터 크기의 물질을 다룬다. 1나노미터는 10억 분의 1미터이다. 사람의 손톱이 1초 동안 자라나는 길이가 1나노미터라고 비유하기도 한다.

나노기술의 초창기부터 가장 많이 활용되는 나노물질은 나노입자이다. 열 개에서 수천 개 정도의 원자로 구성된 물질을 나노입자라 한다. 나노입자, 곧 나노 크기의 분말을 기존 재료에 첨가하면 특성을 다양하게 변화시킬 수 있다.

나노입자를 표면에 입힌 제품은 때가 타지 않는 주방용품과 욕실타일, 먼지를 닦지 않아도 되는 창문 유리, 추운 곳에서 더운 곳으로 들어가도 서리가 끼지 않는 안경 렌즈, 설원을 환상적으로 미끄러지는 스키, 자외선을 차단하거나 주름살을 제거하는 화장품 등 우리 생활의 일부로 자리 잡아 가고 있다. 특히 은 나노입자를 입힌 생활용품이 각광을 받고 있다.

  은은 옛날부터 살균 효과가 있는 것으로 알려졌다. 은수저나 은그릇이 소중히 여겨진 것도 그 때문이다. 은 나노입자는 은의 살균 효과를 증대시키므로 휴대전화, 세탁기, 냉장고, 장난감, 도자기에 항균성 피복 재료로 사용된다. 은 나노입자가 함유된 속옷, 발 냄새 제거 양말, 항균 칫솔, 여드름 전용 비누, 살균 효과가 있는 콘돔 등도 개발되고 있다. 미국의 경우 은 나노입자를 사용한 생활용품은 250종을 넘는다.

  은 나노입자는 물에 씻기면 강물이나 바다로 배출된다. 따라서 일부 과학자들은 물고기 등 생태계에 미칠 영향에 대해 우려한다. 미국 유타대 제약학자 대린 퍼그선은 물고기를 은 나노입자에 노출시키는 실험을 하고 놀라운 사실을 확인했다. 물고기의 일부는 죽고 일부는 눈, 부레, 꼬리의 모양이 찌그러졌기 때문이다. 실험 결과는 2009년 나노기술 전문지 『스몰Small』 8월호에 발표되었다.

  물론 은 나노입자가 물고기에 나쁜 영향을 미친 것처럼 사람에게도 해로울 것이라고 예단할 수는 없다. 또한 은 자체는 사람에게 독성이 없는 물질로 확인된 지 오래이다. 하지만 은 나노입자가 공기로 배출되어 사람의 허파나 간에 침투할 경우 건강을 해칠 가능성을 배제할 수는 없다.

　이런 맥락에서 2009년 9월 미국 환경보호국(EPA)이 나노입자를 포함한 나노물질 전반에 대해 인체와 환경에 미치는 영향을 연구할 계획임을 밝힌 것은 뒤늦은 감은 없지 않지만 환영할 만한 조처로 평가되고 있다.
　미국에서 나노물질이 함유된 생활용품은 이미 1,000종을 넘어섰고 갈수록 급증하는 추세이기 때문이다. 나노기술은 2015년까지 1조 달러 규모의 시장을 형성할 것으로 예상된다.
　미국의 『사이언티픽 아메리칸』 1월호는 편집자 논평에서 두 가지 이유로 환경보호국의 신속한 연구를 강력히 촉구했다. 첫째, 미국 소비자들이 나노기술에 대한 이해가 부족해서 은 나노입자의 안전성 문제를 나노물질 전체로 확대하여 모두 위험하다고 생각할 수 있다. 둘째,

기업인들 역시 나노물질의 안전성이 염려되어 투자를 주저할지도 모른다. 결국 환경보호국이 나노물질의 안전성에 대한 보고서를 서둘러 내놓지 않으면 나노기술의 발전에 어두운 그림자가 드리울 가능성이 크다. (2010년 1월 23일)

이인식의 멋진과학 139

성교육 빠를수록 좋다

　부모가 10대 자녀와 대화할 때 가장 거북하고 민망한 주제는 아마도 섹스에 관련된 내용일 것 같다. 성 문화가 개방적인 미국 가정에서도 사정이 비슷하다는 연구 결과가 나왔다.
　미국 하버드 의대 소아과의 마크 슈스터는 『소아과Pediatrics』 1월호에 부모와 사춘기 자녀가 섹스에 관해 대화하는 시기를 처음 분석한 연구로 평가되는 보고서를 발표했다.
　이 연구에는 부모 141명과 13~17세 자녀가 참여했다. 부모의 93퍼센트는 대졸자였으며 34퍼센트는 직장에서 관리직으로 근무했다. 특히 73퍼센트가 평균 44세의 어머니들이었다.
　연구에 협조한 부모와 자녀에게 각각 성에 관한 24개 주제를 제시하고 언제 처음으로 서로 이야기를 나눈 적이 있었는지 질문했다. 24개 주제는 성에 관한 행동이 진행되는 단계에 따라 세 종류로 구분되었다.

남녀가 손을 잡거나 입술을 맞추는 1단계에서는 이성을 선택하는 방법, 동성애, 남자 신체의 변화, 여자 신체의 변화(임신과 월경) 등이 포함되었다.

애무와 성기 접촉 등 섹스 직전 행동의 2단계에는 상대의 사랑을 확인하는 법, 수음과 몽정, 섹스를 원하는 이유, 상대에게 성관계를 강요해선 안 되는 이유, 임신을 예방하는 기술, 콘돔 사용, 성병 예방에 관한 질문이 제시되었다.

아이들이 실제로 성행위를 시작하는 3단계에 관련되어 부모와 자녀에게 질문한 주제는 콘돔 사용법, 상대방이 콘돔 사용을 원치 않을 때의 피임 방법, 섹스 할 때의 기분, 성병 감염 여부를 판별하는 방법 등이다.

부모와 자녀는 연구가 시작될 때부터 12개월 뒤까지 네 번에 걸쳐 24개 주제에 대해 별도로 응답했다. 이와 아울러 10대 자녀들에게는 1~3단계의 성 행동을 어느 선까지 경험했는지 솔직히 털어놓는 보고서를 작성하게끔 했다.

부모와 자녀의 자료를 비교한 결과 10대가 성 행동을 하기 전에 부모와 충분한 대화의 시간을 갖지 않은 것으로 나타났다.

가령 성기 접촉을 하는 2단계 이전에 부모의 30퍼센트 이상이 24개 주제 중에서 14개에 대해 자녀들과 전혀 대화를 나누지 않았으며 아들은 50퍼센트 이상이 16개 주제에 대해서, 딸은 30퍼센트 이상이 14개 주제에 대해 부모와 일절 이야기를 나눈 적이 없이 성기 접촉을 경험한 것으로 밝혀진 것이다.

3단계의 성행위 전후에 부모와 10대 자녀가 가진 대화의 경우, 50퍼센트의 부모가 아들에게 섹스 할 때 콘돔을 사용하거나 피임을 하는 방법을 가르쳐 주지 않은 것으로 나타났다. 70퍼센트 가까운 아들 역시 섹스를 처음 할 때까지 콘돔 사용법에 관해 부모에게 묻지 않았다.

한편 부모와 딸 모두 25퍼센트가 섹스 요구를 거부하는 방법에 관해 이야기한 적이 없고 딸의 40퍼센트는 상대가 콘돔 사용을 거부할 경우 피임 방법에 대해 부모의 조언을 요청하지 않은 것으로 나타났다.

요컨대 10대 청소년의 남자 70퍼센트, 여자 40퍼센트가 부모로부터

피임 방법에 관한 교육을 받지 않은 채 섹스를 하는 것으로 밝혀짐에 따라 10대의 임신을 염려하지 않을 수 없게 되었다.

이 보고서는 부모와 성에 관해 대화를 자주 하는 청소년일수록 섹스를 처음 경험하는 시기가 늦어지고 임신이나 성병을 예방할 수 있음을 강조하고 가정에서 조기에 성교육을 실시할 것을 권장한다. (2010년 1월 30일)

이인식의 멋진과학 140

행복한 부부들은 즐거운 것만 기억한다

　행복한 결혼 생활을 바라지 않는 사람은 없을 테지만 갈수록 이혼하는 부부가 늘어나는 추세이다. 따라서 부부 관계를 생동감 있고 행복한 상태로 유지하는 방법에 대한 관심이 높아지고 있다.
　긍정심리학(positive psychology)이 각광을 받게 된 것도 그 때문이다. 1998년 미국 펜실베이니아대 심리학자 마틴 셀리그먼이 창시한 긍정심리학은 삶의 긍정적인 측면을 부각시켜 진정한 행복이란 무엇이며 행복은 어떻게 만들어지는지를 연구한다.
　미국 캘리포니아대 심리학자 셸리 게이블은 사랑하는 남녀를 대상으로 긍정적인 사건과 부정적인 사건에 대처하는 모습을 관찰했다. 2006년 『인성과 사회심리학 저널(JPSP)』 5월호에 발표한 논문에서 게이블은 부정적인 사건보다 긍정적인 사건에 반응을 나타내는 남녀일수록 상대방을 신뢰하고 행복감을 공유하는 것으로 나타났다고 보고했다.

다시 말해 행복한 부부들은 공통적으로 되도록이면 즐거웠던 순간만을 기억하는 것으로 밝혀졌다. 어려운 일에 부딪혔을 때 부부가 서로 의지하는 것 못지않게 삶을 긍정적으로 꾸려 나가는 능력이 중요하다는 의미이다.

행복하고 좋았던 순간을 한껏 즐길 줄 아는 부부는 정신적으로나 사회적으로 성공적인 삶을 영위한다는 연구 결과도 나왔다. 미국 노스캐롤라이나대 긍정심리학자 바버라 프레드릭슨은 긍정적 정서가 세상을 바라보는 시야의 폭을 넓혀 주고 타인과의 관계를 좀 더 원활하게 해 준다고 주장했다.

2009년 1월 펴낸 『적극성Positivity』에서 프레드릭슨은 즐거움, 감사, 희망, 자긍심, 관심 등 긍정적 정서 열 가지를 열거하고 대인 관계에서 가장 중요한 것은 감사할 줄 아는 마음가짐이라고 강조했다.

친구 또는 부부 사이에 거의 습관적으로 상대방에게 감사의 뜻을 표현하면 서로를 인정하고 존중하게 되어 관계가 돈독해진다는 것이다. 감사와 마찬가지로 다른 긍정적 정서도 물론 부부의 관계를 강화하는 데 도움이 된다.

미국 격월간『사이언티픽 아메리칸 마인드』1~2월호는 부부의 행복을 다룬 특집에서 긍정적 정서를 표현하는 몇 가지 방법을 제시했다. 무엇보다 중요한 것은 아내 또는 남편이 사랑을 표현할 때 적극적

으로 맞장구를 칠 줄 알아야 한다.

　상대방에 대한 자신의 관심이나 열렬한 감정을 나타낼 수 있는 기회를 열심히 찾아야 한다. 스스로에게 규칙적으로 과거에 상대방이 자신에게 어떤 좋은 일들을 말해 주었는지를 질문하고, 그 일들을 어떤 방법으로 축하할 것인지 궁리하도록 한다. 자신보다 상대방이 기뻐할 만한 것을 먼저 생각해야 함은 물론이다.

　그렇다고 자신이 승진에서 탈락했거나 건강 상태가 나빠진 것 같은 언짢은 일을 감출 필요는 없다. 부부 사이의 대화에서 솔직하고 당당한 자세가 상대방에게 신뢰를 줄 수 있기 때문이다. 대화 도중에 몸짓으로 의사를 전달하는 것도 중요하다. 눈을 마주치거나 고개를 끄덕이면 긍정적 정서를 효과적으로 나타낼 수 있다.

  우리의 삶은 긍정적 사건이 부정적 사건보다 3배는 더 자주 발생한다고 한다. 부부가 날마다 겪는 긍정적인 일을 상대방과 공유하려고 노력한다면 누구나 감사하는 마음으로 행복한 결혼 생활을 누리게 될 것이다. (2010년 2월 6일)

이인식의 멋진과학 141

2025년 만물의 인터넷

　오는 3월 5일 창간 90주년을 맞는 「조선일보」는 10년 뒤인 2020년 3월 5일 개봉될 타임캡슐을 땅에 묻는다. 이 타임캡슐에는 국내 전문가들의 미래 예측도 함께 봉인될 예정이다. 과학기술의 경우 2020년대를 전망한 보고서는 한둘이 아니다.

　버락 오바마 미국 대통령이 취임 직후 일독해야 할 보고서 목록에 포함되었던 「2025년 세계적 추세Global Trends 2025」에는 미국의 국가 경쟁력에 파급효과가 막대할 것으로 보이는 '현상 파괴적 기술'(disruptive technology)이 분석되어 있다. 2015년 생물학적 노화 과정의 연구를 통해 인간의 수명이 연장될 수 있다는 과학적 증거가 처음으로 확보된다. 2020년 노화의 요인을 제거하는 신약 개발이 임상 실험 단계에 들어간다. 2030년 노화 억제 치료의 상용화 승인을 식품의약품국(FDA)에 최초로 요청하는 역사적 순간이 찾아온다. 마침내 불로장생약이 개발되는 셈이다.

미국 경제구조는 화석연료 중심 체제에서 수소 기반 경제로 전환된다. 2010~2015년 수소 연료전지 자동차가 보급되고, 2020~2025년에는 대다수의 신형 자동차가 화석연료를 사용하지 않을 것으로 예측되기 때문이다.

로봇은 사람에 버금가는 능력을 갖게 된다. 2014년 로봇이 전투 상황에서 군인과 함께 싸운다. 이를테면 로봇 병사가 사람에게 사격을 가한다. 2019년 일본과 한국의 연구진이 가사 도우미 역할을 하는 반(半)자율 로봇을 내놓는다.

2020년 사람의 생각만으로 조종되는 무인 차량이 군사작전에 투입된다. 2025년 완전 자율 로봇이 현장에서 활약을 시작한다. 1가구 1로봇 시대가 개막되어 사람과 로봇이 더불어 살지 않으면 안 되는 세상이 다가오는 것이다.

2025년까지 인터넷은 일상생활의 모든 사물을 연결하게 된다. 이른바 만물의 인터넷(Internet of Things)에는 이 세상에 존재하는 물건은 무엇이든지 접속되므로 사람과 물건이 상호 작용하는 방식이 혁명적으로 바뀌게 된다.

한편 세계미래학회(WFS)에서 발행하는 격월간 『퓨처리스트Futurist』에는 미래 예측 기사가 자주 실린다. 2009년 3~4월호에 따르면 2012년 맞춤아기가 출현한다. 뛰어난 머리, 준수한 외모, 예술적 재능 등 누구나 바라는 형질의 유전자를 생식세포에 집어넣어 만들어진 주문형 아기를 맞춤아기라 한다.

맞춤아기가 생산되면 인류 사회는 경제 능력에 따라 유전자가 보강된 슈퍼인간과 그렇지 못한 자연인간으로 양분될지도 모른다. 인공장기도 잇따라 개발된다. 2015년 인공 심장, 2017년 인공 허파와 인공 신장, 2020년 인공 간장이 선보인다. 사람의 병든 기관을 언제든지 새 것으로 바꾸어 무병장수를 누릴 수 있게 된다. 사람 못지않게 기계도 능력이 향상될 전망이다. 2020년이면 로봇의 지능이 인간의 머리를 앞설 가능성이 크다. 이는 2025년 완전 자율 로봇이 나타날 것이라고 예상한 「2025년 세계적 추세」와 크게 다르지 않다. 요컨대 사람보다 영

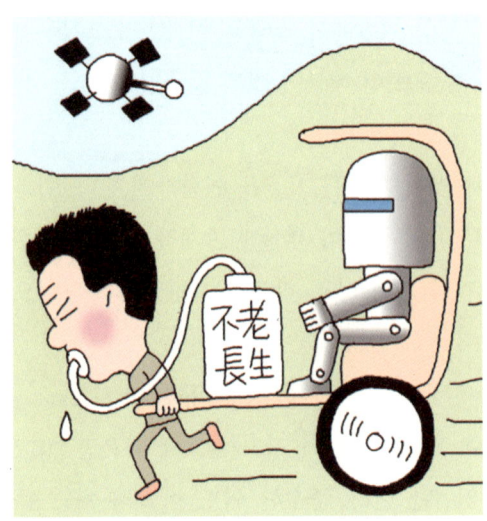

리한 기계가 쏟아져 나올 것 같다.

　몇 가지 과학기술 분야만 보더라도 2020년대는 엄청난 변화를 잉태하고 있다. 누가 감히 이런 놀라운 세상을 예측할 수 있다고 하겠는가. 하지만 미래는 창조하는 것이라는 말도 있지 않은가. (2010년 2월 13일)

사회성 곤충의 떼 지능

1월 12일 유럽연구회의(ERC)는 브뤼셀 자유대 컴퓨터과학자 마코 도리고의 떼 지능(swarm intelligence) 연구에 290만 달러를 지원한다고 발표했다. 떼 지능은 개미, 흰개미, 꿀벌 따위의 사회성 곤충에서 보편적으로 나타나는 현상이다.

가령 개개의 개미는 집을 지을 만한 지능이 없다. 그럼에도 불구하고 개미 집합체는 역할이 상이한 개미들의 상호작용을 통해 보금자리를 만든다. 이처럼 하위 수준(낱낱의 개미)에는 없지만 상위 수준(개미 집합체)에서 돌연히 출현하는 행동이 떼 지능이다. 사회성 곤충의 떼 지능은 인간 사회의 문제를 해결하는 소프트웨어 개발에 활용되고 있다.

떼 지능을 본떠 만든 대표적인 소프트웨어는 개미 떼가 먹이를 사냥하는 행동을 응용한 것이다. 먼저 개미 한 마리가 먹이를 발견하면 동료들에게 알리기 위해 집으로 돌아가면서 땅 위에 행적을 남긴다. 지나가는 길에 페로몬을 뿌리는 것이다. 다른 개체에게 정보를 전달하기 위해 동물의 몸에서 분비되는 화학물질을 통틀어 페로몬이라 한다. 요컨대 개미는 냄새로 길을 찾아 먹이와 보금자리 사이를 오간다.

개미가 냄새를 추적하는 행동을 본뜬 소프트웨어는 개미가 먹이와 보금자리 사이의 최단 경로를 찾아가는 것처럼 길을 추적하는 능력이 뛰어나다. 이런 소프트웨어는 일종의 인공 개미인 셈이다. 인공 개미 떼의 궤적 추적 능력은 스위스와 이탈리아의 트럭 운송업체, 영국과 프랑스의 전화회사에서 크게 활용되고 있다.

최단 경로를 찾아내는 인공 개미를 사용하면 트럭 운송업체는 우유, 채소, 석유 따위를 단시간에 배달하고 전화회사는 통화량이 폭증하는 네트워크에서 통화를 경제적으로 연결해 줄 수 있다. 이를테면 인공 개미가 교통 체증을 정리하는 경찰관처럼 통화 체증을 해소하는 역할을 하는 셈이다.

개미 떼는 보금자리로 운반해야 할 먹이가 무거우면 여러 마리가 서로 힘을 합쳐 함께 옮긴다. 이런 때 지능을 본떠서 여러 대의 로봇이 협동하여 일을 처리하도록 하는 소프트웨어도 개발된다. 또한 개미 떼는 죽은 동료를 한쪽으로 모아 두며 유충을 구분할 줄도 안다. 이런 떼 지능은 은행에서 고객의 자료를 분석하는 소프트웨어 개발에도 응용된다.

꿀벌 사회는 훌륭한 분업 체제를 갖추고 있다. 꿀벌 떼가 일을 분담하는 방법을 흉내 내서 생산 공장의 조립 공정을 효율적으로 운영하는 소프트웨어가 개발된다.

떼 지능에 가장 관심이 많은 기관은 미국 국방부이다. 수많은 작은 로봇 집단에서 떼 지능이 출현하면 군사작전을 수행할 수 있기 때문이다. 로봇 떼가 건물에 잠입한 테러리스트를 색출하거나 독성 물질이 살포된 지역에서 군인 대신 작전을 펼치게 될지도 모른다.

1991년부터 개미의 행동을 연구한 마코 도리고는 2007년 『내셔널 지오그래픽』 7월호에 그가 추진 중인 '떼 로봇'(swarmanoid) 프로젝트가 특집으로 소개될 정도로 업적을 남겼다. 상이한 기능을 가진 로봇의 집단에서 지능이 출현하는 것을 연구하는 프로젝트이다.

떼 지능은 집단지능(collective intelligence)의 일종이다. 일부 지식인들이 집단지능을 집단 지성이라고 표현하는 것은 부자연스럽다. 개미 떼에게 지능은 몰라도 지성이 있다고 할 수야 없지 않은가. (2010년 2월 20일)

멸종 생물, 유전자로 되살린다

오래전에 사라진 생물의 유전물질, 곧 디옥시리보핵산(DNA)이 잇따라 복원되고 있다. 유전자의 본체인 DNA 분자가 유기체의 사후에도 살아남을 수 있음을 처음 입증한 인물은 미국 생물학자 앨런 윌슨(1934~1991)이다.

1984년 윌슨은 콰가(quagga) 피부에서 DNA를 복원했다. 멸종된 생물에서 찾아낸 최초의 DNA 분자이다. 얼룩말 비슷한 콰가는 140년 전 멸종되었다. 소멸된 생물로부터 DNA가 검출됨에 따라 새로운 학문이 탄생했다. 분자고고학(molecular archeology)이다. 화석 대신에 DNA 분자를 연구하는 고고학이다.

1991년 미국 인디언 미라의 뇌에서 DNA 단편이 추출되었다. 7,500년 된 인디언 DNA는 사람의 옛 DNA 중에서 가장 오래된 것이다. 멸

종된 동물의 옛 DNA는 호박(琥珀) 안에서 속속 발견되었다. 1992년 도미니카 호박에서 2500만 년 전의 흰개미, 2500만~4000만 년 정도 된 침 없는 벌의 DNA를 각각 찾아냈다.

1993년 6월에는 레바논에서 발굴된 1억 3000만 년 전의 호박에서 멸종된 곤충인 바구미의 DNA가 채취되었다. 이 바구미는 딱정벌레의 일종으로 공룡과 같은 시기에 살았다. 때마침 영화 「쥬라기 공원Jurassic Park」이 상영되고 있던 터라 세인의 호기심을 자극했다. 공룡의 피를 빨아 먹은 호박 속의 모기에서 공룡의 DNA를 뽑아내서 공룡을 복제한다는 영화의 줄거리가 더욱 그럴싸했기 때문이다.

「쥬라기 공원」에서 공룡을 부활시키는 것처럼 멸종 생물을 복제하려는 과학자들도 나타났다. 1999년 미국 과학 잡지 『디스커버』 4월호는 일본 생물학자들이 매머드 복원 작업에 착수했다고 커버스토리로 소개했다. 매머드는 빙하기 말기인 1만 1,000년 전 사라진 털 많은 코끼리이다.

일본 과학자들은 매머드의 세포핵을 유전적으로 유사한 아시아코끼리의 난자에 집어넣으면 매머드 복제가 가능하다고 설명했다. 1999년 10월 시베리아에서 영구 동결되어 얼음 밑에 묻혀 있던 2만 년 전 매머드의 몸체가 고스란히 발굴되었으며 2008년 11월 미국 펜실베이니아 주립대 스테판 슈스터는 2만~6만 년 전 시베리아에서 살았던 매머드의 DNA를 해독하여 게놈(유전체) 초안을 완성했다고 발표했다. 게놈은 한 생물체가 지닌 모든 유전정보의 집합체를 뜻한다.

분자고고학을 주도하는 인물은 스웨덴 태생의 독일 생물학자 스반테 파보이다. 2009년 2월 미국과학진흥협회(AAAS) 총회에서 파보는 3만 8,000년 전 생존한 네안데르탈인의 게놈 초안을 완성했다고 보고했다. 1856년 독일 네안더 계곡의 석회석 동굴에서 뼛조각이 출토된 네안데르탈인은 13만 년 전부터 3만 년 전까지 서부 유럽과 중부 아시아에서 번성했던 원시인류이다.

2010년 『네이처』 2월 11일 자에는 4,400년 전 갈색 눈을 가진 에스키모 남자의 게놈이 완전히 해독되었다는 논문이 실렸다. 연구 책임자인 덴마크 코펜하겐대 에스케 윌러슬레브는 네안데르탈인보다 훨씬 오래전에 살았던 인류 조상의 게놈을 분석할 계획임을 밝히고 이른바 '옛유전체학(ancient genomics)'의 중요성을 강조했다. 분자고고학 또는 옛유전체학의 목적은 옛 DNA를 통해 인류 진화 과정의 수수께끼를 푸는 데 있기 때문이다. (2010년 2월 27일)

이인식의 멋진과학 144
디지털 모택동주의

인터넷의 부정적 측면에 대해 끈질기게 문제를 제기하는 대표적 논객은 미국의 재론 래니어이다. 1989년 29세에 가상현실(virtual reality)이라는 용어를 만들어 낸 래니어는 작곡가가 되려고 고교를 중퇴한 뒤 컴퓨터에 미친 괴짜이다.

1989년 「뉴욕 타임스」에 대서특필되어 20대에 이미 세계적 명사의 반열에 올랐으며 가상현실의 대부로 자리매김되었다. 인터넷 발전에 공헌한 장본인이 인터넷의 문제점을 신랄하게 비판하는 터라 래니어의 주장은 더욱 울림이 크게 받아들여진다.

2000년 래니어는 『와이어드Wired』 12월호에 실린 글에서 컴퓨터 기술을 무조건 신뢰하는 풍조를 '사이버네틱 전체주의'(cybernetic totalism)라고 명명하고 이로부터 비롯된 종말론을 공격했다.

래니어에 따르면 유전공학, 나노기술, 로봇공학의 발달로 사람보다 영리한 기계가 출현하면 "컴퓨터가 물질과 생명을 지배하는 최종적인 지적 주인이 되면서 우리가 죽기 전에 종말론적인 대격변이 일어나리라는 놀라운 믿음을 갖는" 종말론이 유행처럼 퍼져 나가고 있다.

그는 2050년 이후 지구의 주인이 인류에서 로봇으로 바뀌게 될 것이라는 "사이버네틱 전체주의 지식인들의 이데올로기는 수많은 사람을 고통스럽게 만드는 힘으로 작용하게 될 것"이라고 지적하고 사이버네틱 종말론이 역사상 가장 나쁜 몇 가지 이데올로기처럼 인류를 불행으로 몰아넣을지 모른다고 강력하게 경고했다.

2006년 래니어는 웹사이트 포럼인 에지(www.edge.org)에서 발행하는 『에지Edge』 5월 30일 자에 '디지털 모택동주의digital Maoism'라는 제목의 글을 실었다. 부제는 '새로운 온라인 집단주의(online collectivism)의 위험 요소'이다.

사이버네틱 전체주의를 디지털 모택동주의라고 새롭게 명명한 래니어는 인터넷 사용자가 자발적으로 참여하여 스스로 정보를 제공하고 네트워크를 공유하는 새로운 형태의 월드와이드웹, 곧 웹 2.0의 부정적 측면을 날카롭게 지적하여 언론의 대단한 주목을 받았다.

가령 웹 2.0의 가능성을 입증한 사례로 손꼽히는 세계 최대의 온라인 무료 백과사전인 위키피디아는 누구나 자유롭게 사전의 항목을 작성, 수정, 편집할 수 있으므로 수많은 네티즌의 대규모 협동 작업이 일구어 낸 성과로 여겨진다. 하지만 래니어는 네티즌이 익명으로 참여하기 때문에 개인의 목소리가 배제된 집단주의라고 비판한다.

    이러한 온라인 협동 작업은 개인의 창의성이 거의 무시되므로 '와글와글하는 군중의 사고'(hive thinking)에 불과하다. 이를테면 웹 2.0이 인터넷 찬양론자들의 주장처럼 집단지능을 표출시키기는커녕 네티즌의 군중심리만을 자극한다는 것이다.

    1월 중순 펴낸 『당신은 부속품이 아니다*You Are Not a Gadget*』에서 래니어는 인터넷 사용자들이 익명성의 뒤에 숨어서 집단으로 마녀사냥을 하게 된다고 주장하고 그 예로 영화배우 최진실의 자살을 들었다.

    래니어는 개인의 창의성을 말살하는 웹 문화를 극복하기 위해서는 무엇보다 인터넷에서 정보를 공짜로 사용할 수 없도록 하는 방법이 강구되어야 한다고 주장한다. 개인의 지적재산권이 존중될 때 비로소 누구나 부속품 이상의 존재가 될 수 있다는 것이다. (2010년 3월 6일)

이인식의 멋진과학 145

털 없는 원숭이

1967년 영국 동물학자 데스먼드 모리스가 펴낸 『털 없는 원숭이 *The Naked Ape*』의 머리말은 이렇게 시작된다. "지구상에는 193종의 원숭이와 유인원이 살고 있다. 192종은 온몸이 털로 덮여 있고, 단 한 가지 별종이 있으니 이른바 호모 사피엔스라고 자처하는 털 없는 원숭이가 그것이다."

현생인류가 털 없는 원숭이가 된 이유와 시기에 대해 여러 이론이 제안되었지만 아직 결론이 나지 않은 상태이다. 사람 몸에서 털이 사라진 이유를 가장 그럴 법하게 설명한 것은 호주 인류학자 레이먼드 다트(1893~1988)의 사바나(대초원) 이론이다.

원시인류의 수컷이 열대지방의 초원에서 사냥할 때 짐승을 쫓느라 몸에 열이 많이 났기 때문에 체온을 낮추기 위해 온몸에서 털이 없어졌다는 설명이다. 사바나 이론은 50년 이상 절대적 권위를 누렸지만 약점이 없지 않았다.

우선 원시인류의 암컷은 사냥을 하지 않아 체온을 낮출 필요가 없었으며 오히려 밤에는 털이 없어 추위에 시달려야 했다. 20세기 후반에 접어들면서 사바나 이론의 허점을 파고든 이론들이 발표되기 시작했다.

1960년 영국 옥스퍼드대 동물학자 앨리스터 하디는 수생 유인원 가설(aquatic ape hypothesis)을 내놓았다. 500만~700만 년 전 인류의 조상은 얕은 물에서 먹을거리를 채집하는 반(半)수중 생활을 했으며 피부의 털은 물속에서 거추장스러운 존재였기 때문에 고래 같은 수생 포유류처럼 털이 없어지게 되었다는 것이다. 이 가설은 과학적 증거가 뒷받침되지 않아 사바나 이론의 기세에 눌릴 수밖에 없었다.

2003년 영국 레딩대 진화생물학자 마크 페이겔은 기생생물 이론을 제안했다. 털은 이처럼 기생하는 곤충에게는 안전한 서식처이다. 질병을 일으키는 기생충을 제거하기 위해 사람 몸에서 털이 없어지게 되었다는 것이다. 기생생물 이론 역시 사바나 이론만큼 지지를 받지 못하고 있다. 사람 몸에서 털이 사라진 이유 못지않게 털이 없어진 시기에 대해서도 여러 이론이 제안되었다.

2004년 미국 유타대 유전학자 앨런 로저스는 『시사 인류학Current Anthropology』 2월호에 발표한 논문에서 120만 년 전 인류가 털 없는 원숭이가 되었다고 주장했다. 2007년 미국 기생충학자 데이비드 리드는 사람 머리카락과 거웃에 서식하는 이의 유전자 분석 결과 330만 년 전 털이 사라졌다고 주장했다.

한편 사람의 머리, 겨드랑이, 불두덩에 털이 남아 있는 이유도 과학적 설명이 시도되었다. 머리털은 햇볕으로부터 두개골을 보호하는 역할을 한다. 겨드랑이 털과 음모는 페로몬을 널리 퍼뜨리는 기능을 갖고 있다.

다른 개체에 정보를 전달하기 위해 몸에서 분비되는 화학물질을 통틀어 페로몬이라 한다. 페로몬은 동물의 번식 행동에 심대한 영향을 미친다. 가령 겨드랑이에서 나는 냄새는 연인들을 황홀하게 만든다.

미국 펜실베이니아 주립대 인류학자 니나 재브론스키는 『사이언티

픽 아메리칸』 2월호에 커버스토리로 실린 글에서 털이 없어져 열이 발산됨에 따라 온도에 가장 민감한 기관인 뇌가 극적으로 확대되었다고 주장했다. 또한 털이 사라진 피부에 화장을 하거나 문신을 새겨 사회적 신분을 드러내는 문화가 보편화되었다. 털 없는 피부가 지능과 문화의 발달에 결정적 기여를 한 셈이다. (2010년 3월 13일)

목격자의 치명적 실수

    1992년 설립된 미국의 '이너슨스 프로젝트'(Innocence Project)는 억울한 옥살이를 하는 사람들의 혐의를 벗겨 주는 활동을 한다. 홈페이지에 그들이 결백을 입증해 석방된 사람의 숫자가 적혀 있다. 2009년 9월 20일 현재 242명이었으나 2010년 3월 11일에는 251명으로 늘어났다. 6개월 사이에 9명이 무죄로 감옥에서 풀려난 것이다.

    이너슨스 프로젝트가 재판 결과를 뒤집어엎을 수 있었던 것은 유전자 지문 감식(DNA fingerprinting) 기술을 활용했기 때문이다. 유전자가 지문처럼 사람마다 다른 것에 빗대어 유전자 지문이라 일컫는다.

    유전자 지문은 머리카락, 혈흔, 정액, 침 등 몇 개 세포만 있으면 만들 수 있다. 1986년 영국에서 강간 살인 사건을 해결한 이후 유전자 지문 감식은 유죄와 무죄를 판가름하는 강력한 수단이 되었다.

이너슨스 프로젝트에 따르면 유전자 지문 감식으로 혐의가 벗겨진 사람들의 70퍼센트 이상이 목격자의 증언에 의해 유죄 판결을 받은 것으로 밝혀졌다. 목격자의 잘못으로 애꿎은 사람들이 범죄자로 몰려 억울한 옥살이를 하게 되었다는 것이다.

우선 경찰이 목격자에게 범죄 용의자를 확인시키는 과정에서 오류가 발생할 수 있고 재판정에서 선서 증언할 때도 같은 실수가 반복될 수 있다. 미국 법정의 배심원들은 목격자의 증언을 중시해서 유죄 여부를 판단하기 때문에 목격자의 실수가 치명적 결과를 초래할 확률이 높다.

2009년 5월 미국 에모리대 심리학자 스콧 릴리엔펠드가 엮어 펴낸 『법정의 심리과학Psychological Science in the Courtroom』을 보면 목격자가 용의자를 가려내는 과정에서 잘못을 저지르게 만드는 요인은 한두 가지가 아니다. 가령 범죄 장면을 떠올리며 받는 스트레스, 용의자에 대한 인종적 편견, 용의자의 복면 착용 또는 위장 등으로 목격자가 얼마든지 범인을 헛짚을 수 있다는 것이다.

목격자의 증언을 액면 그대로 믿는 것도 문제를 악화시키는 요인으로 지적되었다. 배심원들 대부분은 사람의 기억이 마치 비디오테이프처럼 사건을 녹화해서 재생한다고 여기기 때문에 목격자의 증언에 의문을 제기하지 않는 것으로 밝혀졌다.

하지만 2007년 미국 캘리포니아대 심리학자 엘리자베스 로프터스가 펴낸 『목격자의 증언Eyewitness Testimony』에 따르면 사람의 기억은 상황에 따라 다양하게 회상되기 마련이므로 검사의 심문조차 목격자의 기억에 영향을 미쳐 결국 범죄 현장을 부정확하게 떠올려서 엉터리 증언

을 할 소지가 적지 않다.

한 사람의 위증으로 무고한 사람이 감옥살이를 하는 어처구니없는 일이 발생해서는 안 될 것이다. 이런 맥락에서 이너슨스 프로젝트는 목격자 증언의 정확성을 담보하는 법률 제정을 촉구하고 나섰다.

무엇보다 경찰에서 여러 사람을 세워 놓고 목격자에게 용의자를 확인시키는 방법을 개선할 것과 아울러 확인 과정을 낱낱이 녹화해서 재판정의 배심원이 볼 수 있도록 할 것을 주문했다.

릴리엔펠드는 격월간 『사이언티픽 아메리칸 마인드』 1~2월호의 칼럼에서 목격자 증언의 정확성을 향상시키는 노력이 강구될 테지만 미국 법정에서는 아직도 죄 없는 사람이 잘못된 증언으로 범인으로 몰릴 가능성이 크다고 우려했다. 우리나라의 사정은 어떨지 궁금하다.

(2010년 3월 20일)

이인식의 멋진과학 147

노인에 대한 오해

　노인을 천덕꾸러기로 여기는 사람들이 적지 않다. 그들 눈에 늙은이는 건망증이 심하고 불행하며 성적으로 무기력한 존재일 따름이다. 노인에 대한 부정적 고정관념은 동서양의 거의 모든 사회에 널리 퍼져 있다.
　하지만 이런 편견은 사실과 다르다는 주장이 제기되었다. 2월 중순 미국 심리학자 4명이 공동 집필하여 펴낸 『통속 심리학의 50대 신화*50 Great Myths of Popular Psychology*』는 늙은이라고 해서 모두 기억력이 나쁘거나 불행한 것은 아니며 성적으로도 결코 무능하지 않다고 역설했다.
　물론 나이가 들면 인지능력이 극적으로 쇠퇴한다. 기억력이 감퇴하여 잘 잊어버리고 말하는 동안 단어가 잘 떠오르지 않는다. 숫자, 물건, 영상을 다루는 능력도 떨어진다. 그러나 이 책의 저자들은 80살에도 뇌에 질환이 없으면 지능과 언어능력이 반드시 최악의 상태가 되는 것은 아니라고 했다.

많은 예술가들은 60대 이후에 대표작을 내놓았다. 하이든은 「천지 창조」를 66살에 작곡했고 소포클레스는 75살에 『오이디푸스 왕』을 썼으며 괴테는 81살에 『파우스트』를 탈고했다. 앵그르는 대표작 「터키탕」을 82살에 그렸다.

노인은 외롭고 불행하다는 고정관념 역시 타당하지 않은 것으로 나타났다. 이 책의 저자들은 여러 연구에서 늙은이가 젊은이 못지않게 행복한 것으로 밝혀졌다고 주장했다. 한 연구에서 가장 행복한 집단은 65살 이상의 남자로 나타났다. 행복은 60대 후반부터 오히려 증가한다는 연구 결과도 나왔다.

미국인 2만 8,000명을 대상으로 실시한 연구에서 88살 노인의 3분의 1이 매우 행복하다고 말했다. 이 연구에서 가장 행복한 사람은 가장 나이가 많은 사람인 것으로 확인되기도 했다. 또한 젊은이에 비해 나이 든 사람들이 부정적인 기억보다 긍정적인 과거를 더 회상한다는 연구 결과도 발표되었다.

아마도 삶에 대한 희망을 잃지 않으려는 심리 상태에서 비롯된 현상인지도 모른다. 우울증 발생 빈도에 관한 통계에서도 노령층보다 25~45살에서 우울증 환자가 가장 많은 것으로 나타났다. 『통속 심리학의 50대 신화』는 이런 연구 결과를 바탕으로 사람이 행복해질 가능성은 나이를 10살 먹을 때마다 5퍼센트씩 증가한다는 결론을 내리고 있다.

노인에 대한 오해 중에서 가장 그럴싸한 것은 늙은이들은 성적 욕망을 거의 느끼지 못한다는 고정관념이다. 머리가 희끗희끗하고 주름

살투성이인 노인네가 이성에게 관심을 보이면 주책바가지라고 비아냥대고 민망해하는 사람들이 적지 않다.

그러나 미국의 경우 57~64살은 73퍼센트, 65~74살은 53퍼센트, 75~85살은 26퍼센트가 성교를 하고 있다는 조사 결과가 나왔다. 75~85살 남자의 4분의 3, 여자의 절반 이상이 섹스에 관심이 있는 것으로 나타났다. 나이 들어도 성욕은 살아 있다는 이 책의 주장은 『영국 의학 저널(BMJ)』 3월 9일 자에 실린 미국 시카고대 연구 결과에 의해 어지간히 뒷받침된다.

미국 노인 중에서 65~74살 남자는 67퍼센트, 여자는 40퍼센트가 지난 1년간 섹스를 했으며 75~85살 남자의 3분의 1, 여자의 17퍼센트가 성행위를 하는 것으로 보고되었다. 인간은 마지막 숟가락을 내려놓는 순간까지 본능에 충실한 동물인 것이다. (2010년 3월 27일)

10대 인기 가요의 허실

텔레비전 황금 시간대의 음악 프로그램은 젊은 가수들의 독무대가 된 지 오래이다. 10대의 사랑을 받지 못하면 인기 가요의 순위에도 오를 수 없다. 미국의 경우 마일리 사이러스가 좋은 사례이다.

1992년생으로 2007년 가수로 데뷔한 그녀는 2009년 2500만 달러를 벌어들였다. 한 해 동안 400만 장의 음반이 팔린 것으로 집계되었다. 400만 명의 10대가 10대 여가수를 돈방석에 앉혀 놓은 셈이다.

정녕 10대들은 그녀의 노래에 심취해서 아까운 용돈을 기꺼이 음반 사는 데 썼을까? 미국 신경과학 전문 격주간 『신경영상NeuroImage』 2월 1일 자에 발표된 논문에 따르면 10대들이 반드시 노래를 좋아해서 음반을 사는 것만은 아닌 듯하다.

미국 에모리대 신경경제학자 그레고리 번스는 미국 음반 판매량의 3

분의 1을 구매하는 것으로 알려진 12~17살을 대상으로 노래에 대한 반응을 측정한 실험을 했다. 같은 노래에 대한 선호도를 두 차례 조사했다.

한 번은 그냥 노래를 들려주었고 다른 한 번은 그 노래의 인기 순위를 알려 준 뒤 감상하도록 했다. 똑같은 노래였지만 인기 순위를 알고 난 뒤 선호도가 급격히 상승한 것으로 밝혀졌다. 자신의 음악적 취향보다는 다른 사람들의 반응을 좇아서 노래에 대한 선호도를 바꾼 것이다. 이를테면 사회집단의 행동에 동조화(conformity) 한 셈이다.

그레고리 번스는 10대가 동조화 행동을 할 때 뇌 안에서 일어나는 변화를 관찰했다. 먼저 그냥 노래를 들려주었을 때는 미상핵(caudate nucleus)이 활성화되었다. 대뇌 속 깊숙이 자리 잡은 미상핵은 보상체계의 핵심 부분이다.

뇌의 보상체계는 섭식, 섹스, 자식 양육 등 생존을 위해 필수적인 행동을 하도록 쾌락을 제공하는 신경세포 집단이다. 노래를 듣고 미상핵이 활성화되었다는 것은 즐거움을 느꼈다는 뜻이다.

그러나 인기 순위를 안 뒤 노래를 들어서 선호도가 올라갔을 때는 미상핵에 변화가 일어나지 않았다. 노래에 대한 즐거움이 증대되어 선호도가 올라간 것은 아니라는 증거이다. 미상핵 대신 활성화된 부위는 섬피질(insular cortex)이었다. 이 부위는 돈을 잃었을 때 느끼는 것과 같은 고통, 혐오감, 죄의식 같은 부정적 감정과 관련된다.

가령 돈을 잃게 되면 섬피질이 흥분한다. 노래에 대한 대중의 인기가 자신의 취향과 다를수록 그만큼 대중의 선호에 따라야 한다는 감

정적 부담이 커지기 때문에 10대의 뇌 안에서 고통과 관련된 섬피질이 활성화된 것이라고 볼 수 있다. 동조화 압력이 커질수록 그만큼 섬피질은 활성화되는 것이다.

동조화를 거부하고 집단의 뜻에 따르지 않으면 사회적으로 고립될 수밖에 없다. 10대는 대부분 동조화 압력을 받으면 동료들로부터 따돌림을 당하지 않으려고 자신의 의견을 바꾼다.

요컨대 많은 10대가 마일리 사이러스의 노래를 진정으로 좋아해서라기보다는 사회적 고립의 공포감 때문에 인기가 높은 음반을 사게 되었다는 것이다. 특히 10대는 인기 있고 똑똑한 친구의 영향을 많이 받는다.

10대 문화를 주도하는 젊은이들을 집중적으로 공략하면 음반은 물론 온갖 상품을 베스트셀러로 만들 수 있다는 결론에 도달한다. (2010년 4월 3일)

이인식의 멋진과학 149
초설득의 심리학

　사람의 마음을 사로잡는 능력이 뛰어나면 생존경쟁에서 늘 이기는 쪽에 설 수 있다. 미국 심리학자 로버트 치알디니의 『설득의 심리학 Influence』이 베스트셀러가 될 만도 하다. 치알디니는 상호성, 일관성, 사회적 증거, 호감, 권위, 희소성을 설득의 6대 법칙으로 제시했다.
　설득 법칙은 얼마든지 다른 형태로 표현될 수 있다. 영국 케임브리지대 심리학자 케빈 더튼이 창안한 '초설득(supersuasion)'도 그중 하나이다. 더튼은 상대의 인지능력을 순식간에 무력화시키는 설득 기술을 초설득이라고 명명하고 스파이스(SPICE)라는 5대 구성 요소를 제안했다.
　①단순성(simplicity) : 사람 뇌는 짧고 단순한 말에 쉽게 설득된다. 율리우스 카이사르, 키케로, 에이브러햄 링컨 등 역사적 연설을 남긴 웅

변가들은 간단명료한 문장을 구사했다. 카이사르는 로마 시민에게 보낸 승전보에서 '왔노라(veni)', '보았노라(vidi)', '이겼노라(vici)'는 단 세 마디를 사용했다. 단순한 말일수록 설득력이 높다.

②상대방이 자신에게 이익이 된다고 감지하도록 할 것(perceived self-interest) : 같은 말도 당신 자신보다는 설득하고 싶은 상대에게 이익이 되는 것처럼 할 줄 알아야 한다. 틀 효과(framing effect)를 활용하면 된다. 가령 '생존율 90퍼센트'와 '사망률 10퍼센트'는 같은 내용이지만 환자는 다르게 받아들인다. 문제의 제시 방법에 따라 인간의 판단이나 선택이 크게 달라지는 것이다. 이러한 상황에서 문제의 표현 방법은 프레임(틀)이라 하며, 프레임이 달라짐에 따라 인간의 의사결정이 달라지는 현상은 프레이밍 효과라 이른다. 가급적이면 상대방의 이익을 극대화하는 표현으로 정보를 제공하면 설득이 쉽다.

③부조화(incongruity) : 설득의 무기로 가장 강력한 것은 해학(유머)이다. 상대를 유머로 웃길 수 있다면 설득이 쉬워진다. 유머가 설득력이 강한 것은 서로 융합하는 것 같으면서도 어울리지 않는 내용으로 구성되기 때문이다. 이런 부조화한 개념이 융합하려고 할 때 웃음이 발생한다. 철학자 이마누엘 칸트는 "팽팽한 기대가 갑자기 아무것도 아닌 것으로 변화했을 때" 웃음이 나온다고 말했다. 유머의 부조화한 내용이 기대에 어긋날 때 웃지 않을 수 없다는 것이다. 우리는 함께 웃는 사람에게 친밀감을 느끼며 더 쉽게 협력하게 된다. 협동을 끌어낸다는 측면에서 유머는 인간관계를 긍정적으로 촉진시키는 사회적 접착제인 셈이다. 유머의 설득력을 활용하기 위해 미국 대통령 후보들은 때때로

유머 작가를 고용하는 것으로 알려졌다.

　④신뢰(confidence) : 신뢰하지 않는 사람에게 설득당할 사람은 아무도 없다. 신뢰는 설득의 진실성을 담보하는 최선의 무기이다.

　⑤감정이입(empathy) : 상대방의 마음을 헤아리지 못하고 설득하겠다는 것처럼 어리석은 일은 없다. 남을 배려하고 역지사지하는 자세로 접근하면 많은 사람들이 쉽게 마음의 문을 열 것이다.

　스파이스 이론은 단순한 언어로 유머가 풍부한 화술을 구사하면 순식간에 설득이 가능하다고 강조한다. 초설득은 하반기에 출간될 『1초의 몇 분의 1의 시간의 설득 Split-Second Persuasion』이라는 저서에 소개될 것으로 알려졌다. (2010년 4월 10일)

이승을 떠나는 마음

사람은 누구나 반드시 한 번 죽는다. 인간은 자신의 죽음을 아는 유일한 생명체이다. 죽음 앞에서 두려움을 느끼지 않는 사람은 드물다. 인간의 죽음을 연구하는 사망학(thanatology)은 삶의 마지막 순간에 존엄성을 잃지 않고 세상을 하직하는 방법을 모색한다.

1969년 사망학 개척자인 스위스 출신 정신과 의사 엘리자베스 퀴블러로스(1926~2004)는 죽음의 과정을 설명한 『사망과 임종에 대하여*On Death and Dying*』를 냈다. 이 책에서 그는 말기 환자를 대상으로 임종의 정신 상태를 분석한 5단계 모형을 제시했다. 5단계의 영어 첫 글자를 따서 다브다(DABDA) 모델이라 불린다.

①부인(denial) : 첫 번째 단계에서 많은 사람은 죽게 된다는 사실을 받아들이려 하지 않는다. 말기 환자는 "아니야, 나는 아니야."라고 불치

병에 걸린 사실을 부인함과 동시에 고립되는 듯한 감정을 느끼게 된다.

②분노(anger) : 부인은 두 번째 단계에서 분노나 원망으로 바뀐다. "왜 하필 나야? 왜 이렇게 재수가 없지."라고 투덜대며 정서 불안을 나타낸다. 가족과 의사는 인내심을 갖고 무조건적인 사랑으로 환자를 보살펴야 한다.

③거래(bargaining) : 죽음을 지연시키는 방법을 찾으려고 온갖 궁리를 한다. 천주교 신자라면 하느님과 담판을 시도한다. 하느님에게 자신의 생명을 연장시켜 달라고 애원하고 자신의 부탁을 들어준다면 "천주님의 영광을 빛낼 일에 여생을 바치겠다."고 하거나 "새사람으로 태어나겠다."고 약속한다. 거래는 모든 사람에게 나타나는 단계는 아니지만 죽음을 앞둔 환자의 절박한 심정을 잘 보여 준다.

④우울(depression) : 병세가 갈수록 악화되고 있음을 깨닫게 되면서 절망 상태에 빠진 환자는 우울증에 시달린다. 우울증의 빌미는 다양하다. 죽은 뒤 남겨질 배우자나 자식에 대한 걱정, 죽기 전에 하고 싶은 일을 마무리하지 못하는 상실감 등을 들 수 있다.

⑤수용(acceptance) : 마지막 단계는 죽음에 임박하여 이 세상과 결별하려는 순간이다. 마침내 죽음이 피할 수 없는 자연현상임을 인정하고 마음으로 받아들이게 된다. 이승의 모든 굴레를 벗어 던지고 긴 여행을 떠나기 전 마지막 휴식을 즐기는 것처럼 평온한 마음으로 죽음을 기꺼이 수용한다.

하지만 모든 사람이 죽음을 자연스럽게 맞이하는 것은 아니다. 최후의 순간까지 죽음의 그림자로부터 빠져나오려고 몸부림치는 사람

은 존엄한 임종을 맞이할 수 없기 때문에 가족의 이해와 도움이 절실히 요구된다.

퀴블러로스의 5단계 모형은 미국과 영국의 대학에서 가르칠 뿐만 아니라 책이 세계적 스테디셀러가 될 정도로 대중적 인기도 만만치 않다. 하지만 다브다 모델이 과학적 근거가 없다는 비판이 제기되었다.

2월 중순 미국 심리학자 4명이 펴낸 『통속 심리학의 50대 신화50 Great Myths of Popular Psychology』는 살아가는 과정이 사람마다 제각각인 것처럼 죽어 가는 과정 역시 다르기 때문에 모든 사람이 5단계 과정을 똑같이 밟게 된다고 볼 수는 없다고 주장했다. 우울증이 나타나지 않는 사람도 많고 죽음을 선뜻 수용하고 나서 부인하는 환자도 적지 않다는 것이다. 죽음처럼 떠나기 싫은 여행도 없을 테니까. (2010년 4월 17일)

이인식의 멋진과학 151

산업융합을 서두를 때

바야흐로 융합이 한국 사회의 핵심 화두로 떠오르고 있다. 21세기 초반부터 지식 융합, 기술 융합, 산업융합의 바람이 거세게 불기 시작한 까닭은 상상력과 창조성을 극대화할 수 있는 지름길로 여겨지기 때문이다.

지식 융합은 학계, 기술 융합은 정부 출연 연구소, 산업융합은 기업체를 중심으로 전개되고 있다. 지식 융합은 2006년부터 인문학의 위기가 사회적 쟁점이 되면서 중요성이 부각되었다. 인문학과 자연과학의 융합 연구가 인문학 위기 타개책의 하나로 제시되었기 때문이다.

인지과학, 뇌과학, 진화생물학, 복잡성과학을 인문사회과학에 접목한 융합 학문이 쏟아져 나오고 있다. 인지과학은 행동경제학과 인지

경제학, 뇌과학은 사회신경과학·신경신학·신경경제학, 진화생물학은 진화심리학과 다윈의학, 복잡성과학은 복잡계경제학과 네트워크과학 등 융합 학문의 출현에 결정적 촉매 역할을 했다.

기술 융합은 2001년 미국 과학재단과 상무부가 융합기술 정책을 발표한 것을 계기로 연구 개발의 핵심 목표가 되었다. 융합기술은 4대 핵심 기술, 곧 나노기술(N), 생명공학기술(B), 정보기술(I), 인지과학(C)이 상호 의존적으로 결합되는 것(NBIC)이라고 정의된다.

기술 융합은 전통산업과 첨단산업, 첨단 기술과 첨단 기술 사이의 경계를 넘나들면서 신기술과 신제품을 쏟아 내고 있다. 특히 문화예술에 과학기술을 융합하면 문화 콘텐츠의 부가가치가 높아질 것으로 전망된다.

2008년 교육과학기술부 주관하에 '국가 융합기술 발전 기본 계획' (2009~2013)이 수립되었다. 범부처 차원에서 준비된 이 계획은 융합기술을 3개 유형으로 나누었다. 유형 ①은 신기술과 학문(인문, 사회, 문화 예술 등) 간의 융합, 유형 ②는 신기술 간의 융합, 유형 ③은 신기술과 기존 산업과의 융합으로 정의되었다.

유형 ①은 새로운 원천기술을 창조할 것으로 기대되며 유형 ②는 새로운 산업을 창출하고 유형 ③은 전통산업을 고도화하는 데 기여할 것으로 전망된다. 요컨대 우리나라 정부는 융합기술 육성을 통해 ▲원천기술 조기 확보 ▲융합 신산업 발굴 ▲융합기술 기반 산업 고도화 등 3대 목표를 달성할 계획이다.

융합기술로 신산업을 창출하거나 전통산업을 고도화하기 위해서는

필연적으로 산업융합이 요구된다. 산업융합은 기술, 제품, 서비스가 서로 융합하여 새로운 부가가치를 창출하는 방향으로 전개되는 추세이다.

  대표적 사례는 제품끼리 융합된 스마트폰이다. 다양한 휴대 장치의 기능을 갖춘 애플의 아이폰이 거둔 성공은 산업융합의 중요성을 상징적으로 보여 준다. 산업융합은 새로운 성장 동력을 창출하는 지름길로 여겨지기 때문에 지식경제부가 '산업융합촉진법'을 만들어 9월 국회에 제출할 것으로 알려졌다.

  지식 융합, 기술 융합, 산업융합이 성공하려면 무엇보다 상이한 분야의 사람들과 열린 마음으로 소통하는 융합 문화가 중요하다. 그러나 인문학자나 과학기술자 모두 상대방을 노골적으로 경시하는 풍조가 아직도 사라지지 않은 실정이다. 2월 중순 출간된 『기술의 대융합』 필자 39명은 이구동성으로 칸막이를 없애고 교류할 것을 주문한다. 지식은 융합되고 있지만 지식인은 따로 논다는 우스갯소리가 언제쯤 사라질는지. (2010년 4월 24일)

이인식의 멋진과학 152

동물의 자살

　3월 7일 제82회 아카데미상의 장편 다큐멘터리 부문은 「코브The Cove」가 수상했다. 미국 사진작가가 찍은 이 영화는 일본의 작은 어촌에서 돌고래를 포획해 식용으로 판매하는 현장을 보여 준다.
　다큐멘터리 주인공은 돌고래 조련사에서 동물보호 운동가로 변신한 인물이다. 그는 자신이 길들이던 돌고래가 자살하는 사건을 겪고 충격을 받아 돌고래 보존 운동에 나선 것으로 알려졌다.
　돌고래가 수조 밑바닥으로 가라앉으면서 호흡을 스스로 멈추는 순간을 목격한 주인공은 "돌고래는 사람보다 큰 뇌를 가진 동물이므로 사는 것이 힘들면 다음 숨을 내쉬지 않을 수 있다."고 말한다.
　돌고래도 얼마든지 자살할 수 있다는 뜻이다. 동물이 사람처럼 스스로 목숨을 끊는 능력을 갖고 있다는 주장은 고대 그리스 때부터 논란의 대상이었다. 아리스토텔레스가 말이 자살한 이야기를 꺼냈기 때문이다.

스키티아 왕은 영리하고 잘생긴 망아지의 씨를 보존하기 위해 두건으로 눈을 가리고 어미 말과 짝짓기를 시켰다. 교미 직후 머리에 씌운 두건이 벗겨지면서 짝짓기 상대가 어미였음을 알게 된 수말은 미친 듯이 날뛰다가 결국 낭떠러지로 뛰어내려 자살했다.

1845년 영국 런던의 신문은 개가 자살한 사건을 보도했다. 값비싼 검정개가 스스로 강물 속으로 뛰어들어 바닥으로 가라앉으려고 했으며 몇 차례 건져 냈으나 다시 물속으로 몸을 던져 마침내 뜻을 이루었다는 기사가 실렸다.

1880년대 초 유럽에서는 전갈이 자살할 수 있다는 속설을 놓고 학자들 사이에 논쟁이 붙었다. 이베리아 사람들은 전갈이 불길에 휩싸이면 스스로 몸뚱이를 찔러 자살한다고 믿었다.

먼저 영국 동물학자가 이베리아의 속설대로 유리병 속에서 전갈이 반복적으로 자신을 파괴하는 장면을 관찰했다고 보고했다. 이에 대해 심리학자가 반론을 제기했다. 1883년 『네이처』에 발표된 논문이다.

전갈을 병 안에 넣은 뒤 열을 높이고 전기 충격을 가하는 실험을 한 결과 몸뚱이를 찌르는 행동을 되풀이했지만 자살하려는 것보다는 본능적으로 자극을 피하려는 단순한 몸짓으로 보였다고 주장했다.

이 연구는 동물이 계획적으로 자신의 목숨을 끊는 능력을 갖고 있다는 주장을 비판한 최초의 학문적 성과로 평가된다. 어쨌거나 동물의 자발적 죽음은 끊임없이 관찰되고 있다.

수많은 개들이 주인의 무덤 앞에서 굶어 죽었다. 침팬지 수컷이 어미가 죽은 뒤 단식 끝에 숨을 거두었다. 새끼가 죽자 나뭇가지에 목매달아 죽은 고양이도 있었다. 짝을 잃은 슬픔에 스스로 익사한 오리 이야기도 전해진다.

심지어 돌고래나 향유고래의 집단 자살이 목격되었다는 기록도 남아 있다. 1971년 200마리 이상의 향유고래가 함께 죽기 위해 영국의 해변으로 상륙한 것으로 알려졌다. 동물의 자발적 죽음은 인간의 자살을 이해하는 데 큰 도움이 된다.

3월 발행된 과학사 전문 계간지 『엔데버Endeavour』에 실린 논문에서

영국 엑시터대 과학사학자 에드먼드 램스덴은 동물의 자살 현상을 연구함으로써 인간의 자멸적 본성을 파악할 수 있다고 강조한다. 전갈에서 사람까지 대부분의 동물은 생존 욕망과 함께 자신을 파괴하는 본능도 타고나는지도 모른다. (2010년 5월 1일)

이인식의 멋진과학 153

남자가 아버지가 될 때

 어버이날 아침에 자식들이 카네이션 한 송이라도 옷깃에 달아 주면 어색한 표정을 짓지 않는 아버지는 드물 줄로 안다. 생활비를 벌어다 준 것 말고는 아내만큼 자식을 애써 보살핀 적이 없다고 자책하는 아버지들로서는 어머니날이 어버이날로 바뀐 것이 마뜩잖을 따름이다. 하지만 아버지도 어머니처럼 아이를 돌볼 능력을 갖고 있다는 연구 결과가 잇따라 발표되었다.
 여자가 어머니다운 행동을 보여 줄 때 몸 안에서는 프로게스테론, 에스트로겐, 프로락틴, 옥시토신 등 네 종류의 호르몬이 분비된다. 프로게스테론과 에스트로겐은 난소에서 분비되는 여성호르몬으로 임신 기간 내내 분비량이 완만히 상승하다가 출산 직전에 급격히 줄어든다.
 출산 직후부터 뇌에서 분비되는 프로락틴과 옥시토신은 산모가 어머니로서 자식을 양육하는 행동을 준비하게끔 작용한다. 프로락틴은 유방에서 젖이 생산되도록 촉진하고, 옥시토신은 젖샘 주변 근육세포의 수축을 자극해 젖꼭지에서 모유가 나오도록 한다.

동물의 세계에서는 수컷도 암컷이 수태한 기간에 호르몬의 변화를 겪는 사례가 없지 않다. 일부일처 위주인 조류의 경우 수컷은 새끼가 태어나기 전에 호르몬의 변화를 일으킨다.

1997년 캐나다 댈하우지대 동물행동학자 리처드 브라운은 캘리포니아생쥐의 수컷이 훌륭하게 아비 노릇을 하고 있음을 밝혀냈다. 수컷 생쥐는 산파처럼 암컷의 해산을 도와주고 갓 낳은 새끼를 보살폈기 때문이다.

더욱 흥미로운 연구 결과는 수컷이 곁에 없을 경우 출산 소요 시간은 55분이었지만 옆에 있으면 29분으로 절반 가까이 시간이 단축되었다는 사실이다. 수컷의 체내에서 옥시토신이 분비되어 암컷의 해산에 영향을 미친 결과로 풀이된다.

오랫동안 학계에서는 남자들이 아버지가 되는 과정에서 어머니처럼 호르몬의 변화를 겪지 않는 것으로 알려졌다. 그런데 배우자가 임신한 동안에 남자의 몸 안에서 테스토스테론, 프로락틴, 코르티솔 등 호르몬이 변화한다는 사실이 밝혀졌다.

테스토스테론은 남성호르몬이고, 코르티솔은 스트레스 호르몬으로 임신 중에 여자 몸에서도 분비된다. 2000년 격월간 『진화와 인간 행동 Evolution and Human Behavior』 3월호에 발표한 논문에서 캐나다 심리학자 앤 스토리는 임신 기간에 남편의 프로락틴 분비량이 증가하고 출산

직후에는 테스토스테론의 분비량이 33퍼센트 감소했다고 보고했다.

테스토스테론 분비량의 감소는 남성의 공격성이 완화되어 아기를 돌볼 상태가 되었음을 뜻한다. 임신 기간에 예비 아버지들의 75퍼센트가 피로, 식욕이상, 체중 증가를 경험해 이른바 동정 임신 증상도 나타났다고 보고했다. 생물학적으로는 아버지 역시 어머니 못지않게 부모 노릇할 채비를 하고 있음이 밝혀진 셈이다.

육아를 여자의 몫으로 여기는 사회에서 자식을 기르는 아버지는 비정상으로 받아들여진다. 하지만 아버지가 자식을 돌보는 시간은 늘어나는 추세이다. 격월간 『사이언티픽 아메리칸 마인드』 5~6월호에 따르면 미국 아버지들이 1주일 동안 육아에 투입하는 시간은 1965년 2.6시간에서 2000년 6.5시간으로 급증했다. 아기 기저귀를 갈아 주는 남자가 많아지고 있다는 것이다. (2010년 5월 8일)

이인식의 멋진과학 154

지구는 얼마나 병들었을까

인류의 보금자리인 행성 지구는 인구 폭발, 자원 고갈, 환경 파괴로 시름시름 앓고 있지만 지구를 살려 낼 특효약은 쉽게 나타날 것 같지 않다. 지구의 건강 상태를 종합 진단한 보고서를 보면 지구가 참으로 깊은 병에 걸려 죽어 가고 있음을 절감하게 된다.

스웨덴 스톡홀름대 환경과학자 조핸 록스트롬은 유럽, 미국, 호주의 전문가들과 함께 인류의 생존을 위협하는 환경 위기의 실상을 점검하는 연구를 수행했다. 2009년 『네이처』 9월 24일 자에 발표된 보고서에 따르면 지구는 중병에 걸린 환자의 상태이다.

① 기후변화 : 화석연료에서 방출되는 이산화탄소 때문에 지구는 갈수록 더워지고 있다. 지구온난화에 따른 기후변화로 생태계 교란, 전염병 창궐, 집중호우와 허리케인 빈발, 해수면 상승 등 인류의 생존에

적신호가 켜진 상태이다. 인류가 안전하게 삶을 꾸릴 수 있는 한계치가 350이라면 현재 기후변화는 387로 위험수위를 넘어섰다.

②해양 산성화 : 화석연료가 뿜어내는 이산화탄소는 대기권은 물론 바닷물로도 녹아들기 때문에 바다 표면은 갈수록 산성화된다. 바다가 산성화되면 바다 먹이사슬의 핵심인 식물 플랑크톤이나 산호초가 제대로 자라나지 않아 해양 생태계가 붕괴한다. 해양 산성화 수치는 2.9로 인류 생존에 필요한 한계치 2.75를 상회한 것으로 나타났다.

③오존층 파괴 : 태양으로부터 지구로 투사되는 자외선은 생물에게 해롭다. 사람에게 피부암을 유발시킬 수도 있다. 이런 자외선을 차단하는 것은 성층권에 층을 이루고 있는 오존이다. 생물체를 보호하는 오존층이 사람이 만들어 낸 화학물질에 의해 얇아지거나 구멍이 뚫리고 있다. 오존층 파괴의 한계치는 276이지만 현재 283을 기록해서 인류의 건강을 위협하는 상태라 할 수 있다.

④생물다양성 훼손 : 사막, 바다 밑, 남극대륙, 열대우림 같은 모든 서식지에서 생물이 독특한 조합을 이루며 살아가는 것을 생물다양성(biodiversity)이라 한다. 인간의 무분별한 개발로 서식지가 파괴됨에 따라 멸종이 임박한 생물이 늘어나고 있다. 인간 생존을 위한 한계치는 10이지만 현재 생물다양성 파괴 상태는 무려 100이 될 정도로 빨간불이 켜져 있다.

⑤민물 부족 : 염분이 없는 담수의 70퍼센트는 관개용이고 산업용 20퍼센트, 가정용 10퍼센트이다. 관개를 위한 담수 공급 기술을 혁신하지 않으면 머지않아 강물이 바닥나서 물 부족 현상이 심화될 전망

이다. 현재 물 부족 수치는 2,600으로 한계치인 4,000을 훨씬 밑돌아 그나마 다행스럽게 여겨진다.

 지구 건강을 종합 검진한 이 보고서는 기후변화, 해양 산성화, 오존층 파괴, 생물다양성 훼손으로 지구가 인류 문명을 지탱할 능력을 상실해 가고 있다고 경고했다. 연구에 참여한 미국 미네소타대 환경과학자 조나단 폴리는 『사이언티픽 아메리칸』 4월호에 기고한 글에서 "이제 지구는 만원이다. 기존의 사고방식과 행동 양식을 바꾸지 않으면 인류가 스스로 자신을 파괴하는 파국을 맞게 될 것이다."고 강조했다. 폴리는 기후변화와 해양 산성화 문제를 해결하기 위해 저탄소 에너지 체제로 바꿀 것을 주문하고, 농업혁명으로 생물다양성 훼손과 민물 부족에 대처할 필요가 있다고 덧붙였다. (2010년 5월 15일)

이인식의 멋진과학 155

자살의 심리학

 3월 24일 보건복지부는 하루 평균 35명이 스스로 목숨을 끊어 우리나라가 세계에서 자살 사망률이 가장 높다고 발표했다. 대한민국이 자살 1위 국가가 되고 만 셈이다. 특히 10~19세 청소년의 사망 원인으로 교통사고에 이어 자살이 2위를 차지했다. 청소년의 20퍼센트가 자살을 한 번이라도 생각해 본 적이 있는 것으로 밝혀졌다.
 전 세계적으로 해마다 100만 명 가까이 자살에 성공한다. 지구의 어느 곳에선가 40초마다 한 사람이 스스로 목숨을 끊고 있는 것이다. 자살하는 사람은 대부분 우울증 같은 정신질환을 갖고 있다. 우울증을 앓는 가정에서 태어난 사람일수록 자살 충동이 강하다는 연구 결과도 나왔다. 미국 컬럼비아대 정신의학자 브래들리 피터슨은 우울증을 가

진 가정과 그렇지 않은 가정의 사람은 뇌 구조가 다르다는 사실을 밝혀냈다. 2009년 『미 국립과학원 회보(PNAS)』 4월 14일 자에 발표된 논문에서 피터슨은 우울증 가정에서 태어난 사람 뇌의 우반구 대뇌피질이 28퍼센트 더 얇기 때문에 사회적 대처 능력이 떨어져 우울증에 취약하고 결국 자살 가능성이 높아지게 되는 것이라고 주장했다.

물론 우울증을 앓는 사람이 모두 자살을 시도하는 것은 아니다. 미국 플로리다 주립대 심리학자 토머스 조이너는 자살 계획을 행동으로 옮기는 의지가 확고한 사람만이 자살에 성공할 수 있다고 강조했다. 4월 중순 펴낸 『자살에 관한 신화 Myths about Suicide』에서 세계적 자살 이론 전문가인 조이너는 자살의 뜻을 이룬 사람은 공통적으로 두려움을 모르고 고통에 무감각한 것으로 나타났다고 설명했다. 이를테면 아무리 자살하고 싶을지라도 겁이 많거나 숨이 끊기는 순간의 고통을 견뎌 내지 못하는 사람은 스스로 목숨을 끊을 확률이 높지 않다는 것이다. 그럼에도 불구하고 자살에 끝내 성공한 사람은 제3자가 중경상을 입거나 살해되는 장면을 목격해서 죽음을 두려워하지 않게 된 것으로 밝혀졌다. 조이너는 삶을 마감하겠다는 생각을 되풀이하면 죽음에 익숙해지면서 자신을 스스로 해치는 능력이 생겨나기 때문에 자살을 실행하게 된다는 연구 결과도 발표했다.

고통을 잘 견뎌 내는 사람이 자살할 가능성이 높다는 주장은 두 가지 측면에서 뒷받침된다. 하나는 어린 시절의 학대이고 다른 하나는 식욕감퇴증(anorexia)이다. 어려서 폭력에 노출되거나 성적으로 학대를 당한 사람은 훗날 자살을 시도할 가능성이 높은 것으로 나타났다. 학

대의 고통에 길들여지면서 자살의 고통도 잘 이겨 낼 수 있게 되기 때문인 것으로 여겨진다. 한편 식욕감퇴증에 걸린 사람의 20퍼센트는 결국 죽게 되는데, 굶주림보다는 자살로 사망하는 경우가 더 많다. 2003년 『일반정신의학 문서Archives of General Psychiatry』 2월호에 따르면 식욕감퇴증 환자는 정상적인 사람보다 자살할 가능성이 50배가량 높다. 굶주림을 참으면서 고통을 감내하는 능력이 생기므로 결국 자신의 목숨을 끊는 순간의 고통도 견뎌 내는 것이라고 설명할 수 있다.

이런 연구 결과는 청소년의 자살을 예방하려면 무엇보다 폭력적 환경으로부터 격리시켜야 함은 물론 정상적인 식사 습관을 갖도록 보살피는 것이 중요하다는 사실을 일깨워 주고 있다. (2010년 5월 22일)

고산 등반가의 뇌

히말라야 8,000미터 이상 고봉 14좌 완등은 세계 산악인의 꿈이다. 강인한 정신력과 뛰어난 신체 능력을 가진 등반가만이 이룰 수 있는 꿈이다. 특히 심폐기능이 탁월하지 않으면 무산소 등정으로 정상을 정복하기 어렵다.

무산소 등정은 높은 봉우리에 오를 때 산소호흡기의 도움을 받지 않는 것을 뜻한다. 심폐 지구력이 고산 등반가마다 다른 것처럼 저산소증(hypoxia)을 견뎌 내는 능력 역시 제각각이다.

높은 곳에서 산소가 부족하면 2단계로 인체에 영향을 미친다. 첫 번째 단계는 고산병(acute mountain sickness)이다. 두통, 불면증, 현기증, 피로, 메스꺼움, 구토 증상이 나타난다. 두 번째 단계는 고도대뇌부종(HACE: high-altitude cerebral edema)이다. 뇌가 팽창하는 증상이다. 산소결

핍으로 2단계에 접어들면 뇌세포가 손상된다. 특히 고봉에서는 모세혈관의 벽이 새기 시작해 대뇌피질이 부풀어 오르기 때문에 두개골이 압박을 받는다.

때때로 시신경이 심하게 부어올라 시각 능력이 떨어지고 망막 출혈을 일으킨다. 혈액은 쉽게 응고되어 뇌졸중을 유발할 수도 있다. 고산 등반가는 건망증, 정서적 장애, 망상, 인격 변화, 의식 상실에 시달린다.

높은 산을 등반할 때 이런 증상이 나타나지 않으면 뇌 손상이 발생하지 않았을 것이라고 여기기 쉽다. 그러나 고산 등반을 하면 누구나 예외 없이 뇌가 손상된다는 연구 결과가 나왔다.

스페인 신경학자 니콜라스 페이드는 자기공명영상(MRI) 기술로 고산 등반에서 돌아온 사람들의 뇌를 연구했다. 먼저 히말라야 에베레스트(해발 8,848미터) 등정을 시도한 13명의 뇌를 들여다본 결과 대부분 뇌

가 손상된 것으로 나타났다. 등반 중에 고도대뇌부종 증상을 호소하지는 않았지만 대뇌피질이 팽창되어 있는 것으로 확인된 것이다.

히말라야 다음으로 세계에서 가장 높은 봉우리인 아르헨티나 안데스 산맥의 아콩카과(6,959미터) 정상에 도전한 8명의 뇌도 분석했다. 이들 역시 모두 뇌가 손상된 것으로 밝혀졌다. 실어증이나 일시적 기억 상실을 호소하는 사람도 있었다.

알프스 산맥의 몽블랑(4,810미터)은 에베레스트나 아콩카과처럼 높지 않기 때문에 등반가의 뇌에 손상이 발생하지 않을 것으로 여기기 쉽다. 하지만 몽블랑 정상을 다녀온 7명의 뇌를 연구한 결과 2명의 뇌가 팽창된 것으로 나타났다. 인체의 회복 능력이 뛰어나므로 시간이 흐르면 이런 뇌 손상이 치유될지도 모른다. 그러나 3년 뒤 실험 대상자의 뇌를 다시 조사한 결과 손상된 부위가 복구된 사람이 한 명도 없는 것으로 확인되었다.

2006년 『미국 의학 저널American Journal of Medicine』 2월호에 발표된 연구 결과는 전문적인 등반가일수록 뇌 손상이 누적될 가능성이 크다는 결론을 내렸다. 세계 고봉을 정복해 맛본 성취감의 대가로 뇌 조직을 지불한 셈이다.

해마다 5,000명가량이 히말라야에 오른다. 안데스와 알프스 정상에도 매년 수천 명이 도전한다. 그들은 뇌 손상의 위험에도 등정을 포기하지 않는 이유를 물으면 영국 등반가 조지 맬러리(1886~1924)처럼 "산이 거기에 있으니까."라고 대답할지 모른다. 인간은 꿈과 목숨을 맞바꿀 줄 아는 유일한 동물이니까. (2010년 5월 29일)

이인식의 멋진과학 157

누가 진실을 거부하는가

9·11 테러를 미국 정부의 조작극이라고 믿는 미국인이 적지 않다. 심지어 홀로코스트(나치스의 유대인 대학살)조차 날조 또는 과장되었다고 주장하는 목소리가 아직도 사라지지 않고 있다. 이처럼 객관적으로 입증된 사실을 근거가 없다고 거부하는 불합리한 행태를 부인주의(denialism)라고 한다. 불편한 진실을 회피하는 수단인 부인주의는 특히 과학 분야에서 기승을 부린다.

지구온난화는 과학적으로 검증되지 않았으며 인간에 의해 야기된 것도 아니라고 주장한다. 진화론은 기독교를 약화시키려는 무신론자들이 꾸며 낸 엉터리 학설이라고 공격한다.

흡연이 폐암과 관계가 있다는 연구 결과에 오류가 많다고 반박한다. 부인주의자들은 이데올로기, 종교적 신념 또는 개인적 이해관계 때문에 과학적 진실을 외면한다.

부인주의 연구 권위자인 영국의 마틴 맥키에 따르면 부인주의자는 여섯 가지 수법을 구사한다. 2009년 『유럽 공중보건 저널 European Journal of Public Health』 1월호에 실린 논문에 수법 6개가 소개되어 있다.

▲음모론을 동원한다. 과학적 합의가 증거보다는 공모에 의해 이루어졌다고 주장한다. ▲자신의 주장을 지지하는 사이비 전문가를 끌어들인다. ▲증거를 입맛에 맞게 채택한다. 자신에게 도움이 되는 증거가 아니면 깡그리 쓰레기 취급을 한다. ▲상대방이 수용하기 어려운 수준의 증거를 지속적으로 요구한다. 새로운 증거를 내놓지 못할 때까지 상대방을 몰아세워 굴복시키려는 속셈이다. ▲과학적 사실을 엉뚱한 논리로 공격하여 상대방을 기진맥진하게 만든다. ▲과학자를 믿지 못할 존재로 부각시켜 그들의 주장을 받아들이는 것은 잘못이라는 분위기를 조장한다.

부인주의자는 대부분 자신이 옳다고 믿는 대로 행동하는 정상적인 사람이다. 우리 모두는 확증편향(confirmation bias)을 갖고 있기 때문이다. 확증편향은 자신이 가진 믿음을 확증하는 정보만을 찾아서 받아들이려는 성향을 의미한다. 한마디로 믿고 싶은 것만 믿는다는 뜻이다.

하지만 부인주의를 앞장서서 부추기는 사람은 편집증이나 과대망상 따위의 성격장애를 갖고 있다는 연구 결과도 나왔다. 이들은 대중을 기만하는 음모를 획책하는 권력집단에 맞서 싸우는 순교자라고 스스로 생각한다.

 따라서 부인주의자들은 연대의식을 갖고 사회적 쟁점에 대해 민감하게 반응한다. 미국 예일 법대 댄 케한은 『네이처』 1월 21일 자에 발표한 논문에서 지구온난화를 부인하는 사람은 낙태나 동성 결혼 같은 쟁점에 대해서도 공동보조를 취한다고 주장했다.
 요컨대 부인주의자는 정치적 이데올로기에 사로잡히기 쉽다. 미국의 창조론자들은 진화론과 지구온난화 이론을 싸잡아서 국가 통제를 강화하려는 좌파 이데올로기라고 공격한다. 결국 과학을 정치에 종속시키는 오류를 범하게 되는 셈이다.
 2009년 10월 미국 저술가 마이클 스펙터가 펴낸 『부인주의』는 인간의 불합리한 사고방식이 어떻게 과학의 진보를 가로막고 지구 환경을 훼손해 인류의 생존을 위협하는지 생생히 고발한다. 부인주의는 한국 사회에도 독버섯처럼 퍼져 있다. 이념이나 지역감정의 덫에 걸려 반대편의 주장이라면 무조건 거부하는 지식인이 어디 한둘인가. (2010년 6월 5일)

이인식의 멋진과학 158

빨간 셔츠에 행운을

한국 축구 국가대표 팀은 진홍색 유니폼을 입고 악착같이 뛰기 때문에 붉은악마라는 별명이 붙었다. 태극전사의 붉은 셔츠가 승부에 영향을 미칠지 모른다는 연구 결과가 나와 있다.

영국 더햄대 진화인류학자 로버트 바튼은 2004년 아테네 올림픽에서 권투, 태권도, 레슬링 선수의 옷 색깔과 경기 결과의 상관관계를 분석했다. 2005년 『네이처』 5월 19일 자에 발표한 연구 결과에서 승리한 선수의 55퍼센트가 붉은 옷을 입었다고 보고했다. 특히 실력이 막상막하인 경기에서는 62퍼센트나 되었다.

힘과 기량이 승부를 결정지을 테지만 빨간색이 선수와 심판 모두에게 영향을 미치는 것으로 나타났다고 주장했다. 빨간색은 우위를 점하고 있는 듯한 느낌을 주기 때문에 붉은 옷을 입은 선수는 자신감을 갖게 되고 상대방은 기가 꺾인다는 것이다.

  태권도의 경우 파란 옷보다 빨간 옷을 입은 선수가 심판 판정에서 득을 본다는 연구 결과도 나왔다. 독일 뮌스터대 스포츠심리학자 노버트 하게만은 노련한 심판 42명에게 태권도 경기 화면을 두 차례 보여 주었다.

  동일한 화면을 기술적으로 조작해 같은 선수가 한 번은 파란 옷, 다른 한 번은 빨간 옷을 입고 싸우는 경기를 보여 주고 판정을 내리도록 했다. 동일한 경기이므로 똑같은 결과가 나오는 것이 정상적이다.

  하지만 심판 판정이 선수 옷 색깔에 따라 달라진 것으로 나타났다. 2008년 『심리과학』 온라인판 8월 27일 자에 실린 논문에서 동일한 선수의 시합임에도 붉은 옷을 입었을 때 심판 점수가 13퍼센트 더 높게 나왔다고 보고했다.

  빨간색은 단체경기에서도 승부에 영향을 미치는 것으로 밝혀졌다. 영국 플리머스대 마틴 애트릴은 영국 프로축구 리그에서 승리한 팀의 유니폼 색깔을 조사했다. 2008년 『스포츠과학 저널 Journal of Sports Sciences』 4월호에 게재한 논문에서 붉은 유니폼을 입은 팀들이 상위권 성적을 냈으며 리그 우승도 가장 많이 했다고 보고했다. 골키퍼의 경우 붉은 옷보다 하얀 옷을 입은 선수가 페널티킥을 차면 더 잘 막아 낼 수 있다고 느끼는 것으로 밝혀졌다.

  빨간색이 격투기나 단체경기에서 승부에 적지 않은 영향을 미치는 까닭은 우월감과 자신감을 풍기는 색깔이기 때문이라고 분석된다. 영국 더햄대 진화인류학자 러셀 힐은 105명에게 여러 색을 보여 주고 신

체적 경쟁에서 가장 승리할 가능성이 크고 가장 우월감이 느껴지는 것을 고르도록 요청했다. 2007년 『진화심리학 저널Journal of Evolutionary Psychology』 3월호에 발표한 논문에서 붉은색으로 나타났다고 밝혔다.

빨간색은 여러 측면에서 인지능력에도 영향을 미친다. 무엇보다 적색은 위험을 알리는 신호로 공포심을 자극한다. 하지만 적색이 남녀의 로맨틱한 사랑을 촉진시킨다는 연구 결과도 나왔다. 미국 로체스터대 앤드루 엘리옷은 남자들에게 하얀 옷과 빨간 옷을 입은 여자들의 사진을 보여 주고 연애 상대를 고르도록 했다.

2008년 『인성과 사회심리학 저널(JPSP)』 11월호에 발표한 논문에서 붉은 옷을 입은 여자들의 인기가 가장 높았다고 밝혔다. 오늘 밤 남아공 월드컵 첫 경기부터 붉은악마의 진홍색 셔츠가 신통력을 발휘하지 않을는지. (2010년 6월 12일)

대형 참사에서 살아남는 법

 2001년 5월 아프리카 서부 가나 공화국 수도에서 축구 시합 도중 관중에 떼밀려 130명이 압사했다. 2006년 2월 필리핀 마닐라 교외 행사장에 먼저 입장하려고 다투던 군중 74명이 짓밟혀 목숨을 잃었다.
 2006년 9월 예멘의 정치 집회에서 50여 명이 사람에 깔려 죽었다. 이런 인명 사고는 월드컵 응원이나 인기 가수 콘서트처럼 인파가 몰리는 공간에서 발생하지 말란 법이 없다.
 가령 호텔 연회장에 불이 나서 통로와 비상구로 군중이 몰릴 때 죽음의 공포에 직면한 사람이 취할 수 있는 행동은 둘 중 하나일 것이다. 군중 속에 뒤섞여 비상구 쪽으로 함께 움직이거나 혼자 살 길을 찾으려고 발버둥 치기 마련이다.

그러나 독일 교통공학자 더크 헬빙에 따르면 두 가지 행동을 함께 시도할 때 탈출 가능성이 높다. 2005년 『교통과학Transportation Science』에 발표한 논문에서 탈출 시도 시간의 60퍼센트는 군중과 함께 움직이고 40퍼센트는 스스로 살 길을 찾는 데 투입하면 탈출 가능성이 높다고 주장했다.

자연재해나 대형 사고 같은 공황적인 상황에서 인간의 두 가지 성향이 피난에 부정적 영향을 미치는 것으로 밝혀졌다. 첫째, 최악의 상황이 될 때까지 위험을 심각하게 받아들이지 않는 경향이 있다. 둘째, 위험한 상황임을 알고도 살 길을 찾기보다 가족과 친구부터 챙기려 한다.

위험신호의 심각성을 간과해서 상황을 악화시킨 대표적 사례는 9·11 테러 공격을 당했을 때이다. 세계무역센터 빌딩 안에 있던 사람의 83퍼센트가 비행기가 건물과 충돌하고 몇 분이 지나서야 상황이 심각하다고 판단한 것으로 밝혀졌다. 2005년 『정신의학Psychiatry』에 실린 연구 결과에 따르면 건물이 불길에 휩싸였음에도 생존자의 55퍼센트만이 즉시 대피했으며 소지품을 챙기느라 멈칫거린 사람도 13퍼센트나 되었다.

생존이 위협받는 상황에서 혼자 살려고 발버둥 치는 것은 인지상정일 터이다. 그러나 많은 사람이 침착하게 가족과 친구부터 돌보려 한다는 연구 결과가 나왔다. 이런 군중의 행동은 사회적 애착(social attachment)이라 한다. 사회적 애착은 자신의 희생을 전제로 남을 돕는 것이므로 고귀한 행동임에는 틀림없다.

하지만 군중이 너무 많아 행동에 제약이 따를 때는 남을 돕고 싶어도 그럴 수 없는 경우가 생긴다. 2006년 1월 12일 해지(Hajj) 동안 발생한 대형 참사가 좋은 예이다. 해지는 이슬람교도가 해마다 성지인 메카를 참배하는 의식이다.

매년 300만 명의 순례자가 몰려들어 특이한 의식을 치르는 과정에서 군중에 짓밟혀 죽는 신도가 적지 않았다. 2006년에는 346명이 죽고 286명이 다쳤다. 이날 사고 장면은 감시 카메라에 녹화되어 있었다. 사우디아라비아 정부는 더크 헬빙에게 녹화 자료를 넘기고 사고 분석을 의뢰했다.

2007년 『물리학 개관Physical Review E』 4월호에 발표된 분석 결과를 보면 군중이 지나치게 많을 때는 질서 있는 행동은 찾아볼 수 없었고 서로 밀치락달치락하면서 혼란에 빠졌다. 이런 상황에서 개인이 스스로 할 수 있는 행동은 아무것도 없었다. 2009년 12월 미국 과학 저술가 렌 피셔가 펴낸 『완전한 무리 The Perfect Swarm』는 사람이 운집한 곳에는 가지 않는 것이 상책이라고 주장한다. (2010년 6월 19일)

전쟁은 끝났는가

　인류의 역사는 피로 얼룩져 있다. 1996년 미국 일리노이대 인류학자 로런스 킬리가 펴낸 『문명 이전의 전쟁 War Before Civilization』에 따르면 피에 젖은 2,000년 동안 전쟁으로 사망한 사람은 10억 명에 달한다.
　21세기에도 전 세계는 핵전쟁의 공포로 떨고 있다. 아무도 인류가 전쟁을 멈출 것이라고 낙관하지 않는다. 폭력과 살육은 인간 본성의 일부분이라고 여기기 때문이다.
　하지만 대규모로 조직된 집단 폭력인 전쟁이 폭력적 본성에서 비롯된 것이 아니라 환경적 요인에 의해 발생한다는 주장이 잇따라 제기되었다. 1991년 미국 유타 주립대 패트리샤 램버트는 고고학 계간지 『고대 Antiquity』 12월호에 실린 논문에서 홍수나 가뭄으로 먹을거리가 부족해지면 전쟁이 일어났다고 설명했다.

미국 하버드대 고고학자 스티븐 르블랑크 역시 전쟁은 폭력적 충동의 소산이 아니라 인구 폭증이나 식량 부족 같은 생존 문제를 합리적으로 해결하기 위한 수단이었다고 주장했다. 2003년 4월 펴낸『끊임없는 전쟁Constant Battles』에서 호전적인 미국 인디언 부족을 연구한 결과 땅과 자원을 확보할 목적으로 전쟁이 빈발했다고 설명하고 전쟁이 인간 본성에서 비롯된 것이 아니기 때문에 얼마든지 종식될 수 있다고 주장했다.

핀란드 인류학자 더글러스 프라이도 전쟁이 인류 사회의 보편적 현상이라는 통념과 상충되는 연구 결과를 내놓았다. 2007년 2월 출간한『전쟁을 넘어서Beyond War』에서 호주 원주민과 그린란드 에스키모 등 현존하는 74개 수렵 채집 종족이 모두 전쟁을 하지 않는 문화를 갖고

있음을 확인했다고 밝혔다. 이 연구의 의미는 시사하는 바가 크다.

인류의 조상이 200만 년간 떠돌이 수렵 채집 생활을 한 반면 정착 생활을 한 것은 2만 년에 불과하기 때문이다. 인류 진화 역사에서 떠돌이 생활을 한 기간은 99퍼센트 이상인데, 현존하는 수렵 채집 종족에게 호전적 문화가 없다는 사실은 전쟁이 인류의 본성이 아니라는 논리를 뒷받침하는 셈이다. 프라이는 인간이 갈등을 비폭력적으로 해결하는 능력을 타고났다고 주장했다.

전쟁을 인간 본성의 부산물이 아니라 환경 변화에 대한 대응 수단으로 보는 입장에서는 제2차 세계대전 이후 선진국 사이에 전쟁이 발발하지 않는 이유가 설명된다고 주장한다. 미국 오하이오 주립대 정치학자 존 뮐러는 민주주의 국가에서는 국민의 동의를 얻어야 전쟁을 할 수 있으므로 국제적 규모의 전쟁이 일어나지 않았다고 강조했다.

2009년 『계간 정치학 Political Science Quarterly』 여름호에 발표한 논문에서 대규모 전쟁은 거의 종식되었으며 게릴라전, 폭동, 테러 따위의 '전쟁 부스러기'(remnants of war)가 이라크, 팔레스타인, 아프가니스탄 등 몇몇 분쟁지역에서 피 냄새를 풍기고 있을 따름이라고 주장했다. 이런 맥락에서 미국 과학 저술가 존 호간은 인류가 전쟁을 종식시킬 날이 올지 모른다는 낙관론을 펼친다.

2009년 영국 주간지 『뉴 사이언티스트』 7월 4일 자에 기고한 글에서 "전쟁이 우리의 유전자 안에 있지 않다면 결코 피할 수 없는 것도 아니지 않은가."라고 목소리를 높인다. 6·25 전쟁이 아직도 끝나지 않은 상황에서 고개를 끄덕거릴 사람이 얼마나 될는지. (2010년 6월 26일)

이인식의 멋진과학 161

아이디어가 섹스를 하면

1968년 미국 생물학자 폴 에를리히는 『인구 폭탄 The Population Bomb』에서 인구 과잉으로 지구에 재앙이 닥쳐올지 모른다고 경고했다. 인류의 미래를 비관하는 사람들은 1970년대에 자원 고갈, 1980년대에 산성비, 1990년대에 세계적 유행병, 2000년대에 지구온난화 때문에 파국이 임박했다고 주장했다. 눈앞에 닥친 물 전쟁, 피할 수 없는 석유 고갈, 일촉즉발의 핵전쟁, 위험수위의 생물다양성 파괴, 얇어지는 오존층, 지구를 노리는 소행성 등 인류의 생존을 위협하는 요인은 한두 가지가 아니기 때문에 비관주의는 언제 어느 곳에서나 절대적 지지를 받는다.

비관론이 득세하는 풍토에서 에를리히를 물고 늘어진 미국 경제학자 줄리안 사이먼(1932~1998)은 비판의 과녁이 되는 것을 감수해야 했다. 그는 자원 부족에도 불구하고 기술혁신(innovation)에 의해 경제는 지속적 성장이 가능하다고 주장했다. 사이먼의 뒤를 이어 담대하게 낙관론을 펼친 논객이 나타났다. 영국 과학 저술가 매트 리들리이다.

5월 중순 펴낸 『이성적 낙관주의자 The Rational Optimist』에서 석기시대부터 100년 뒤인 2110년까지 인류 문명을 특유의 논리로 해석하고 2110년에도 인류는 오늘날에 비해 아주 엄청나게 잘살게 될 것이며 생태 환경도 같은 정도로 좋아질 것이라고 주장했다. 이런 낙관론은 인류가 혁신을 할 수 있는 유일한 동물이라는 전제에서 출발한다.

일반적으로 인류가 이런 능력을 갖게 된 까닭은 큰 뇌, 언어 사용, 사회적 학습 또는 모방 능력 덕분이라고 설명된다. 하지만 리들리는 "우리의 머릿속을 들여다봐서는 소용없다. 뇌 안에서 뭔가가 일어났다는 것은 답이 될 수 없다. 뇌와 뇌 사이에 뭔가가 일어난 것이다. 이는 집단적 현상이었다."고 주장한다. 이른바 집단지능이 출현해서 인류 문명이 발달하게 되었다는 뜻이다.

인류의 지능이 집단적이고 누적적인 특성을 갖게 된 것은 "인류 역사의 어느 시점에 아이디어들이 서로 만나 짝을 짓고 서로 섹스를 하기 시작했기 때문"이라고 설명한다. 선사시대의 어느 시점에 뇌가 크고 학습 능력이 뛰어난 사람들이 서로 물건을 교환하기 시작했다. 일단 교환을 시작하자 갑자기 문화가 누적적인 성격을 갖게 되었으며 경제적 진보라는 위대한 실험이 급속도로 진행되기 시작했다.

리들리는 "교환이 문화의 진화에 미치는 영향은 섹스가 생물의 진화에 미치는 영향과 같다."고 전제하고 서로 교환함으로써 인간은 노동

의 분업을 발견하여 쌍방의 이익을 위해서 노력과 재능을 특화할 수 있게 되었다고 주장했다. 서로가 자신들의 분야를 전문화함에 따라 혁신이 촉진되었다. 이 덕분에 시간이 절약되었다. 시간 절약으로 경제적 번영이 가능했으며 번영은 교환의 정도에 비례했다.

리들리는 "세상이 네트워크로 연결되고 아이디어들은 과거 어느 때보다 문란하게 섹스를 나누고 있으므로 혁신 속도는 증대되어 21세기에는 세계에서 가장 가난한 사람들조차도 모든 문화적 욕구를 충족시킬 기회를 갖게 될 것"이라고 목소리를 높이면서 "21세기는 살기에 아주 근사한 시대가 될 것이다. 우리 모두 거리낌 없이 낙관주의자가 되자."고 제안한다. (2010년 7월 3일)

이인식의 멋진과학 162

살인 로봇이 몰려온다

전쟁터에서 사람 대신 싸우는 무인 병기가 원자폭탄 출현 이후 전쟁의 성격을 가장 극적으로 바꿔 놓을 요인으로 부각되고 있다. 대표적인 무인 병기는 무인 항공기와 무인 지상 차량이다.

무인 항공기는 사람이 타지 않고 모형 비행기처럼 무선으로 제어되는 원격조종 항공기이다. 미국의 프레데터(Predator)가 맹위를 떨치고 있다. 2001년 10월 미국이 아프가니스탄을 공격할 때 프레데터에 미사일을 장착해 탈레반군을 폭격함으로써 무인 공격기 시대가 열렸다.

한편 무인 지상 차량은 병사 대신 정찰, 경계, 폭발물 탐지 및 제거 임무뿐 아니라 사격도 하는 로봇 병기이다. 2005년 이라크에 실전 배치된 탤런(Talon)은 자동소총과 로켓탄 발사 장치가 장착되었으며 사람에 의해 원격 조종되는 로봇 탱크이다.

동물처럼 네 발로 걷는 로봇인 빅덕(BigDog)은 보병의 전투 능력을 압도할 것으로 전망된다. 아직은 대부분 원격 조종되지만 머지않아 자율적으로 군사작전을 수행하는 로봇이 출현할 것임에 틀림없다.

2009년 1월 펴낸 『로봇과 전쟁 Wired for War』에서 미국 브루킹스 연구소 군사 전문가 피터 싱어는 미국이 무인 지상 차량 1만 2,000대, 무인 항공기 7,000대를 보유하고 있으며 조만간 수만 대 규모로 증가할 것이라고 강조했다. 500쪽에 달하는 이 책에는 군사용 로봇의 발전 방향이 세 가지로 분석되어 있다.

첫째, 전투 로봇의 모양과 크기가 다양해진다. 바퀴로 굴러가는 것부터 빅덕처럼 다리가 달린 것까지 다양한 형태의 로봇이 전쟁터를 누비게 된다. 7.5센티미터에 불과한 벌새 로봇부터 축구장 길이의 레이더가 설치된 비행선까지 다양한 크기의 로봇이 하늘에서 활약한다.

둘째, 전쟁터에서 로봇의 역할이 더욱 확대된다. 최전방 철책선 경계를 서거나 지뢰를 탐지 및 제거하는 임무를 수행하는 데 머물지 않고 전투 상황에 투입된다. 2007년 선보인 마스(MAARS)는 160킬로그램짜리 기관총이 달려 있으며 수류탄 발사가 가능한 로봇 탱크이다. 전투 중에 부상당한 병사를 안전한 장소로 끌어내 돌볼 줄 아는 간호 로봇도 활약이 기대된다.

셋째, 전투 로봇의 지능이 비약적으로 향상된다. 프레데터의 경우 원격조종 항공기로 개발되었지만 컴퓨터 기술의 발달에 힘입어 스스로 이착륙할 수 있을 뿐 아니라 목표물 12개를 동시에 추적하는 능력을 갖게 되었다. 특히 목표물이 지나온 출발점까지 추적할 수 있는 것

으로 알려졌다. 전투 로봇이 자율적으로 판단하고 행동하는 지능을 갖게 될 날이 코앞에 닥쳐온 것이다.

2008년 미국 국가정보위원회(NIC)가 펴낸 「2025년 세계적 추세 Global Trends 2025」에 따르면 2014년 무인 지상 차량이 사람과 함께 전투를 하게 되고, 2025년 완전 자율 로봇이 전쟁터를 누비게 된다. 이 보고서는 버락 오바마 미국 대통령이 취임 직후 일독해야 할 문서 목록에 포함된 것으로 알려졌다.

가까운 장래에 인류가 로봇과 뒤섞여 전쟁을 치를 수밖에 없게 됨에 따라 우려의 목소리가 커지고 있다. 미국 『사이언티픽 아메리칸』 7월호 편집자 논평은 미국 정부에게 국제적 공조를 통해 살인 로봇의 실전 배치를 규제하는 방안을 서둘러 마련할 것을 촉구하고 나섰다.

(2010년 7월 10일)

이인식의 멋진과학 163

개는 윤리적 동물인가

동물이 사람처럼 옳고 그름을 따져 공명정대한 행동(페어플레이)을 할 수 있다는 연구 결과가 잇따라 발표되었다. 일부 동물행동학자는 일부 동물이 도덕성의 기초가 되는 정서 기능, 특히 감정이입 능력을 지니고 있기 때문에 페어플레이를 할 수 있다고 주장한다.

2001년 미국 영장류동물학자 프란스 드 발은 격월간 『행동 및 뇌과학(BBS)』 12월호에 실린 논문에서 고래, 돌고래, 코끼리, 하마는 물론 심지어 생쥐도 감정이입 반응을 나타낸다고 주장했다.

2006년 캐나다 맥길대 심리학자들은 『사이언스』 6월 30일 자에 생쥐의 감정이입 행동을 실험한 결과를 발표했다. 다른 생쥐가 고통스러워하면 덩달아서 고통을 느끼는 듯했으며, 모르는 상대에게는 무관심했지만 친숙한 상대일수록 감정이입 반응이 강하게 나타났다고 주장했다.

미국 콜로라도대 진화생물학자 마크 베코프는 동물이 도덕적 행동을 할 수 있다고 가장 강력하게 주장하는 인물이다. 2009년 5월 펴낸 『야생의 정의Wild Justice』는 부제가 '동물의 도덕적 삶'이다. 이 책에는 개들이 놀이를 할 때 엄격한 규칙을 따르며 놀이를 통해 서로 신뢰 관계를 형성하기 때문에 집단의 질서가 유지된다는 관찰 결과가 실려 있다.

개가 놀이를 하면서 서로 격렬하게 물어뜯거나 올라타는 행동을 하지만 끝내 싸움으로 확대되지 않는 까닭은 네 가지 규칙을 따르기 때문이다.

첫째, 놀고 싶다는 뜻을 분명히 전달한다. 개는 놀이를 하고 싶으면 뒷다리를 세운 채 앞다리를 웅크리는 자세로 상대방을 꼬드긴다. 이 자세는 노는 동안에 항상 나타나는 모양새이므로 상대방은 그 뜻을 헤아릴 수 있다. 개는 상대가 놀고 싶다는 뜻을 나타낼 때 금방 눈치챌 수 있기 때문에 언제든지 싸우지 않고 잘 지내는 것이다.

둘째, 상대방을 배려한다. 개는 놀이 상대의 능력을 감안해서 서로가 대등한 입장이 되도록 노력할 줄 안다. 상대의 능력이 뒤처지면 스스로 자신을 불리한 입장이 되게 하거나 상대와 역할을 바꾸어 줌으로써 상대가 자신과 엇비슷한 위치에서 놀이를 할 수 있도록 마음을 써 준다는 것이다.

셋째, 자신의 실수를 인정한다. 놀이를 하다 보면 때때로 상대방에게 상처를 주는 등 실수를 저지르게 마련이다. 이런 경우 개들은 꼭 사람처럼 상대방에게 잘못을 빈다. 가령 상대를 심하게 물었을 때는 앞다리를 웅크리고 앉아서 '미안하다. 제발 더 놀아 달라. 앞으로 페어

플레이를 하겠다.'는 뜻을 전달한다. 대개 잘못을 용서해 주고 놀이가 계속된다. 상대를 이해하고 관용을 베푸는 행동은 놀이를 하는 동안 자주 나타난다.

넷째, 정직하게 행동한다. 잘못을 사과할 때 거짓이 없어야 한다. 만일 잘못을 뉘우치지 않거나 불공정한 행동을 계속하면 그 개는 추방된다. 집단에서 쫓겨난 개는 수명이 단축되는 것으로 밝혀졌다. 놀이를 하는 동안 집단의 규범을 위반하면 생존에도 위협이 되는 셈이다. 이를테면 개들도 사람처럼 생존의 기회를 증대시키기 위해 엄격한 규칙에 따라 페어플레이를 한다는 것이다.

베코프의 표현에 따르면 '윤리적 개'(ethical dog), 곧 도덕적 판단 능력을 지닌 견공들이지만 복날이면 어김없이 보신탕이 되고 만다. (2010년 7월 17일)

이인식의 멋진과학 164

전문가를 의심하세요

의학 전문지에 발표되는 학술 논문은 우리의 삶에 적지 않은 영향을 미친다. 의사들이 최신 연구 성과를 습득해 건강에 보탬이 되는 정보를 시나브로 제공하기 때문이다. 가령 성인병을 예방하려면 어떤 운동을 하고 머리를 좋게 만들기 위해 어떤 음식을 먹어야 하는지 알려준다.

의사는 생명을 다루는 직업이므로 무한한 신뢰를 받는다. 그런 의사들이 지나치게 자주 과오를 범하고 있다는 주장이 제기되었다. 6월 초순, 미국 과학 저술가 데이비드 프리드먼이 펴낸 『과오*Wrong*』에 따르면 세계적인 의학 전문지에 발표된 연구 내용 중에서 3분의 2에 대해 몇 년 안에 이의가 제기되며 설상가상으로 미국 의사가 보유한 전문지식은 90퍼센트가 완전히 잘못된 것으로 밝혀졌다는 것이다. 이 책은

의학뿐 아니라 경제, 과학기술, 스포츠, 문화예술 등 거의 모든 분야에서 전문가들이 실수를 하고 있다고 폭로한다.

2008년 세계 경제 불황의 원인에 대해서 국가 정책을 자문하는 학자부터 개인 기업의 참모에 이르기까지 진단을 제대로 하지 못해 문제 해결에 도움이 될 만한 아이디어를 제때 내놓지 못했다. 또 비만이 사회적 문제라는 데는 대부분 동의하지만 체중을 줄이는 방법에 대해서는 뜻을 같이하는 전문가를 찾아보기 어렵다. 텔레비전에서 하루는 커피와 포도주가 몸에 좋다고 열변을 토하는 전문가를 보여 주다가 다음 날은 정반대로 이야기하는 전문가가 나타나기도 한다. 명색이 전문가란 사람들이 동일한 문제를 놓고 서로 의견이 맞지 않아 티격태격하는 사례는 끝이 없다.

『과오』는 '다이어트, 허리케인 대비책, 경영자로 대성하는 비결, 증권시장, 콜레스테롤 수치를 낮추는 약, 아이들이 밤에 잘 자게 하는 방법, 가정의 가치, 결혼 생활에 성공하는 열쇠, 비타민, 행복하게 사는 법, 대량 살상 무기 따위의 광범위한 쟁점'에 대해 전문가들이 서로 상충된 이야기를 늘어놓지만 대중은 그들의 말을 맹목적으로 믿고 있다고 주의를 환기시켰다.

미국 시사 주간 『타임』 온라인판 6월 29일 자에 실린 인터뷰에서 프리드먼은 누구나 전문가의 말에 솔깃할 수밖에 없는 이유를 설명했다. 뇌를 들여다본 결과 전문가의 이야기를 들을 때, 잠깐이나마 뇌 활동이 중단되는 현상이 나타났다는 것이다. 전문가의 말을 들으면서 자신의 판단을 유보하기 때문에 뇌 기능이 멈춘다는 뜻이다.

전문가의 견해나 진단에 오류가 많다면 정확한 쪽을 골라내는 일이 무엇보다 중요하다. 그러나 '건초 오두막에서 바늘 한 개 찾는 일'에 비유될 정도로 쉽지 않다는 것이 프리드먼의 설명이다. 신문, 텔레비전, 인터넷이 끊임없이 새로운 정보를 쏟아 내고, 대중은 항상 새롭고 자극적인 지식에만 관심을 갖기 때문에 함량 미달의 전문가에게 얼마든지 속아 넘어갈 수 있다는 것이다.

물론 금방 오류가 들통 나는 전문직종이 없는 것은 아니다. 기상학자는 일기예보가 맞지 않는 경우가 허다해서 대중의 불신을 받는 전문가의 대명사가 되었다. 그런데 다른 분야의 전문가들도 기상학자보다 훨씬 더 자주 실수를 하고 있다는 것이다. 정신을 바짝 차리고 살지 않으면 안 될 것 같다. (2010년 7월 24일)

기부 많이 하는 사람의 마음

    2003년 밸런타인데이에 미국 최대의 부동산 재벌 도널드 트럼프가 100만 달러를 자선사업에 기부한다고 발표해 화제가 되었다. 2004년 펴낸 『트럼프의 부자 되는 법 *TRUMP: How to Get Rich*』에서 스스로 밝혔듯이 '화려한 여자 친구와 전용 비행기로 개인 골프장을 누비면서 욕실이 금으로 장식된 초호화 아파트에 사는' 사업가가 거금을 내놓은 동기는 인간의 이타적 행동을 연구하는 학자들이 충분히 설명하지 못한 수수께끼이다. 미국 자본주의의 상징인 억만장자 기업인이 피 한 방울 섞이지 않고 훗날 상응하는 보답도 기대하기 어려운 불특정 다수를 위해 피땀 흘려 번 돈을 선뜻 투척하는 까닭은 도대체 뭘까?
    미국 애리조나 주립대의 블라다스 그리스케비시우스와 로버트 치

알디니, 뉴멕시코대 제프리 밀러 등 심리학자 6명은 트럼프가 밸런타인데이에 기부를 발표한 사실에 주목했다. 이날 연인들은 사랑의 선물을 주고받는다. 따라서 심리학자들은 부자가 기부 사실을 시끌벅적하게 선전하는 행동이 인간의 짝짓기 심리와 관련되었을 수도 있다고 전제했다. 인간은 짝짓기에 성공하기 위해 자신의 능력을 과시하려고 과도한 선물과 과도한 외모 가꾸기를 한다. 이를테면 '비용이 많이 드는 신호'를 사용하여 상대의 환심을 사려고 노력한다. 이런 맥락에서 자선 행위도 비용이 많이 드는 신호로 간주할 수 있다는 것이다. 2007년 『인성과 사회심리학 저널(JPSP)』 7월호에 발표된 논문에서 자선은 짝짓기를 위한 과시 행위의 일종으로 진화되었다고 주장하고 '노골적 자선'(blatant benevolence)이라고 명명했다. 노골적 자선은 '경쟁적 이타주의'라는 개념으로 설명되기도 한다. 인간은 가족을 위해, 또는 상호주의 원칙에 따라 이타적 행동을 하지만 사회적 명성을 얻으려고 남을 돕기도 한다는 것이 경쟁적 이타주의이다.

지난 4일 억만장자 사업가 워런 버핏과 빌 게이츠가 이끄는 자선사업 운동인 '기부 약속'(The Giving Pledge)은 미국 갑부 40명이 재산의 절반 이상을 기부한다고 발표했다. 경쟁적 이타주의 심리를 자극하면 갑부들의 기부 운동이 전 세계적으로 확산할지도 모를 일이다.

자선 행위는 돈 많은 사람들의 전유물로 여기기 쉽다. 궁핍한 생활을 꾸려 가는 사회 밑바닥 서민은 남을 돌볼 마음의 여유가 있을 까닭이 없다고 생각하기 십상이다. 하지만 이런 고정관념을 완전히 뒤집는 연구 결과가 나왔다. 미국 캘리포니아대 심리학자 폴 피프는 실험

을 통해 사회적 신분과 자선 심리의 상관관계를 분석했다. 첫 번째 실험에서 사회적 지위와 타인에 대한 배려는 반비례하는 것으로 나타났다. 사회적 신분이 낮을수록 남에게 더 많이 베풀었다는 뜻이다.

두 번째 실험에서는 가난한 사람이 부자보다 기부에 대해 더 적극적인 것으로 밝혀졌다. 상류사회 부자는 수입의 2.1퍼센트를 기부할 수 있다고 응답한 반면 하위계층 서민은 5.6퍼센트가 적절하다고 했다. 『인성과 사회심리학 저널』 온라인판 7월 12일 자에 실린 논문에서 남보다 적게 가진 사람들이 더 많이 베풀려는 마음을 지니고 있는 것 같다고 주장했다. (2010년 8월 14일)

집단지능의 두 얼굴

사막의 개미 집단, 숲의 꿀벌 군체, 바다의 물고기 떼, 북극의 순록 무리. 이들의 공통점은 무엇일까. 미국 저술가 피터 밀러는 스스로 '영리한 무리'(smart swarm)라고 명명한 현상과 관련이 있다고 주장한다. 2007년 『내셔널 지오그래픽』 7월호에 실린 글에서 개미나 꿀벌 한 마리는 영리하지 않지만 그 집단은 지능을 갖고 있다는 사실을 환기시켰다.

사막의 개미 군체는 예측 불가능한 환경에 살면서도 매일 아침 일꾼들을 갖가지 업무에 몇 마리씩 할당해야 할지 확실히 알고 있다. 숲의 꿀벌 군체도 단순하기 그지없는 개체들이 힘을 합쳐 집을 짓기에 알맞은 나무를 고를 줄 안다. 카리브 해의 수천 마리 물고기 떼는 한

마리의 거대한 은백색 생물인 것처럼 전체가 한순간에 방향을 바꿀 정도로 정확히 행동을 조율한다. 북극지방을 이주하는 엄청난 규모의 순록 무리도 개체 대부분이 어디로 향하고 있는지 정확한 정보를 갖고 있지 않으면서도 틀림없이 번식지에 도착한다.

8월 초 밀러는 이런 동물의 무리와 인류가 공통의 문제를 안고 있다는 이론을 대담하게 전개한 저서를 펴냈다. 책 이름 역시 '영리한 무리'이다. 동물 집단이 효과적으로 협력할 수 있는 기본 원리를 밝혀내서 일상생활에 활용한다면 공동체를 위해 봉사하면서도 개인의 이익을 최대화할 수 있다고 주장했다. 영리한 무리는 우리가 집단의 일원으로서 정체성을 포기하지 않고도 공동체에 보탬이 되는 일을 하면서 살아갈 수 있음을 암시하고 있다는 것이다.

하지만 동물의 무리가 모두 영리한 것은 아니다. 북아프리카와 인도에 사는 사막메뚜기는 대부분의 시기에 평화롭게 지내는 양순한 곤충이지만 갑자기 공격적으로 바뀌면 대륙 전체를 말 그대로 초토화할 정도이다. 몸길이가 약 10센티미터인 연분홍색 곤충 수백만 마리가 떼지어서 몇 시간씩 하늘을 온통 덮으며 날아가는 광경은 마치 외계인이 지구를 공습하는 듯한 착각을 불러일으킨다. 2004년 서아프리카를 습격한 사막메뚜기 떼는 농경지를 쑥대밭으로 만들고 이스라엘과 포르투갈에서 수백만 명을 기아로 내몰았다.

사람의 집단도 사막메뚜기 떼처럼 엉뚱한 의사결정을 한 사례가 적지 않다. 1630년대에 네덜란드를 휩쓴 튤립 광풍은 역사상 가장 유명한 투기 거품의 하나이다. 1636년 튤립 알뿌리 하나를 살 돈이면 살진

소 4마리나 밀 24톤, 포도주 2통, 버터 2톤 또는 은제 컵 하나를 살 수 있었다. 그러나 1637년 거품이 터지자 목수의 연봉보다 20배나 더 비쌌던 튤립 알뿌리는 쓸모없는 것이 되었다. 2008년 10월 아이슬란드에서도 이와 비슷한 폭락 사태가 벌어졌다. 금융 거품이 터지면서 아이슬란드는 세계에서 가장 번영하는 국가의 하나에서 세계적인 금융 위기에 직격탄을 맞아 몰락한 첫 번째 정부가 되었다. 두 가지 사례는 집단이 의사결정을 잘못할 경우 사막메뚜기 떼처럼 얼마든지 파괴적인 결과를 초래할 수 있음을 유감없이 보여 준다.

한국 사회는 월드컵 축구 응원부터 각종 촛불시위까지 군중이 길거리를 가득 메우는 집단 현상이 일상화된 지 오래이다. 그들이 항상 '영리한 무리'인지 아닌지 판단은 여러분의 몫이다. (2010년 8월 21일)

이인식의 멋진과학 167

생물다양성의 파괴

 지구의 구석구석에 생물이 살지 않는 곳이 없다. 사막, 바닷물이 드나드는 늪지, 산호초, 해저의 분화구, 남극대륙, 천연 온실인 열대우림 등 모든 서식지에서 식물과 동물이 독특한 조합을 이루며 살아가는 것을 생물다양성이라 한다.
 유엔은 올해를 '생물다양성의 해'로 정했다. 생물다양성이 급속도로 파괴되면서 멸종 위기에 처한 종이 갈수록 늘어나는 추세이기 때문이다. 조류의 10분의 1, 포유류의 5분의 1, 양서류의 3분의 1이 멸종이 임박한 것으로 알려졌다. 원인 제공자는 물론 인간이다. 생물다양성 훼손의 가장 중요한 요인은 서식지 파괴이다. 특히 지구의 허파라 불리는 열대우림은 아마존의 정글처럼 개발의 손길이 미치면서 수풀이

빠른 속도로 사라짐에 따라 희귀 동식물의 멸종으로 생태계가 붕괴되고 있다.

1992년 미국 생물학자 에드워드 윌슨이 펴낸 『생명의 다양성 The Diversity of Life』은 열대우림에서 해마다 2만 7,000종이 없어진다고 주장했다. 날마다 74종, 시간마다 3종의 생물이 우림에서 사라지고 있다는 뜻이다. 이런 맥락에서 윌슨은 인류가 여섯 번째의 대량 멸종을 피할 수 없을지 모른다고 경고했다. 다섯 번의 대량 멸종과 다른 점은 인류가 원인 제공자일 뿐만 아니라 그 희생자의 하나가 될 위험을 안고 있다는 사실이다.

2001년 3월 생물학자인 호주의 앤드루 비티와 미국의 폴 에를리히가 펴낸 『야생의 해결책 Wild Solutions』 역시 생물의 멸종을 초래하는 요인으로 과잉 개발을 꼽았다. 이 책은 "생물 종들이 멸종하면 인류가 많은 기회를 잃게 된다는 점에서 어리석은 짓이며, 우리들 자신보다는 다음 세대에 손실이 된다는 점에서 이기적인 일이다."라고 강조했다.

지구온난화에 따른 기후변화가 상황을 더욱 악화시키는 것으로 밝혀졌다. 2004년 영국 요크대 크리스 토머스는 『네이처』 1월 8일 자에 실린 논문에서 지구 기온이 섭씨 1.5~2.5도 상승하면 2050년까지 생물 종의 15~37퍼센트가 멸종하게 될 운명이라고 전망했다.

생물의 다양성이 감소하면 생태계가 붕괴됨에 따라 막대한 경제적 손실이 발생하기도 한다. 예컨대 산호초가 사라지면서 수산업과 관광산업이 타격을 받고 있다. 산호초는 한때 멸종된 적이 있었는데, 1천만 년이 지난 뒤에야 다시 출현했다. 이처럼 생물다양성이 일단 파괴되면

복구하는 데는 장구한 시간이 걸리게 된다. 『야생의 해결책』에서 "생물다양성은 대체가 절대 불가능하다. 이것이 틀린 것으로 입증된다면 아마도 그것은 기적이 될 것"이라고 강조할 만도 하다.

하지만 과학의 기적을 통해 생물다양성을 복원하려는 시도가 없는 것은 아니다. 영국 주간 『뉴 사이언티스트』 4월 24일 자에 따르면 멸종 생물을 훗날 재생시킬 목적으로 견본을 보존하는 사업이 여러 나라에서 추진되고 있다. 식물은 1,400종의 씨앗 수백만 개를 보존하고 있다. 동물은 수백 종의 견본 수천 개가 보존되는 것으로 알려졌다. 하지만 이런 방식으로 생물다양성 문제가 해결될 수 있다고 믿는 사람은 없을 줄로 안다. 후손에게 생물다양성이 훼손된 지구를 물려줄 수밖에 없을 것 같다. (2010년 8월 28일)

이인식의 멋진과학 168

로봇 의사, 몸으로 들어간다

　1959년 12월 미국 물리학자 리처드 파인만(1918~1988)은 '바다에는 풍부한 공간이 있다'는 제목의 연설에서 사람 몸 안으로 기계 의사를 집어넣어 질병을 치료하게 될 것이라고 상상했다.

　1966년 개봉된 영화 「환상 여행Fantastic Voyage」은 세균 크기로 축소된 의사가 환자의 뇌로 들어가서 생명을 위협하는 혈전을 제거한 뒤 환자가 흘리는 눈물을 통해 세상 밖으로 나온다는 이야기이다. 1987년 스티븐 스필버그 감독의 작품 「이너스페이스Innerspace」 역시 축소된 사람들이 인체 안에서 잠수정을 타고 벌이는 갖가지 사건으로 꾸며져 있다.

　21세기 초부터 마침내 파인만이 꿈꾼 기계 의사가 모습을 드러내기 시작했다. 의사 대신 환자의 몸 안에 들어가서 질병을 치료하는 마이크로 로봇이 개발되고 있는 것이다. 이 로봇은 수백 미크론(또는 마이크로미터)에 불과한 기계장치로 구성된다. 1미크론은 100만 분의 1미터이다. 맨눈으로 볼 수 없을 만큼 작은 기계장치들, 예컨대 모터, 기어, 베어링 따위를 만드는 기술은 마이크로 기술이라 불린다.

의료용 마이크로 로봇은 인체의 어디에나 뚫고 들어가 의사 대신 질병을 진단하고 수술도 할 뿐만 아니라 약물을 환부로 정확히 투입하는 임무를 수행한다. 게다가 진단이나 검사가 충분히 이루어지기 어려운 뇌, 신경계, 관상동맥 등 미세한 혈관은 물론이고 신생아나 태아와 같은 어린 인체에 대한 진단과 치료도 가능해진다.

1999년 이스라엘에서 최초의 의료용 마이크로 로봇(M2A)을 발표했다. 음식처럼 먹는 캡슐형 내시경 로봇이다. 모양이 알약 같고 사진기가 달려 있으므로 '카메라 알약'(camera pill)이라고 불리기도 한다. 이 캡슐형 내시경을 입안으로 삼키면 목구멍을 지나 항문으로 배설될 때까지 위와 창자 등 소화기관을 거치면서 각 부위의 영상을 촬영하여 무선으로 의사에게 전송한다. 이른바 '캡슐형 내시경 검사'(capsule endoscopy)는 소화기 계통의 환자를 진단하는 효과적인 방법으로 활용되고 있다.

하지만 카메라 알약은 의사의 완벽한 통제가 불가능하다는 단점이 있다. 따라서 카메라가 환부를 놓칠 경우 진단에 오류가 발생할 가능성이 크다. 이 문제를 해결하는 최선의 방법은 수동적인 카메라 알약을 능동적인 마이크로 로봇으로 기능을 향상시키는 것이다. 캡슐이 자유자재로 몸 안을 돌아다닐 수 있게끔 다리와 프로펠러를 달아 주면

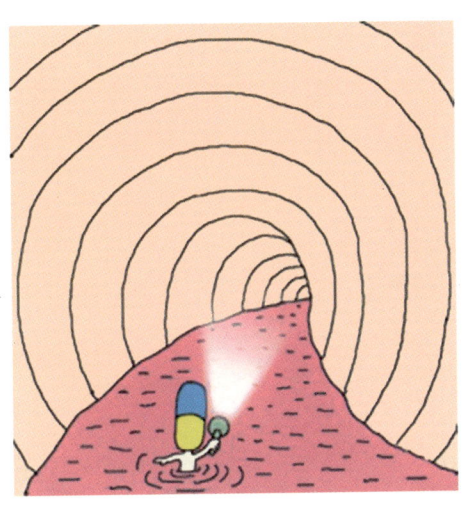

의사의 지시에 따라 움직이면서 진단 기능을 수행할 수 있다는 뜻이다. 『사이언티픽 아메리칸』 8월호에 따르면 다리가 네 개 달린 캡슐이 사람과 창자 크기가 비슷한 돼지 몸 속에서 실험 중에 있다.

다리로 움직이는 캡슐을 개발한 이탈리아 연구진은 특별한 기능을 가진 로봇도 개발하고 있다. 몸 안에서 스스로 형태를 만드는 수술용 로봇이다. 먼저 환자에게 위장 확장용 약을 먹이고 10~15개의 캡슐을 삼키도록 한다. 캡슐은 위장 안에서 의사가 지시한 형태로 신속히 조립한다. 의사는 조립된 로봇을 무선으로 조종하여 수술한다. 수술이 끝나면 로봇이 분해되어 캡슐은 몸 밖으로 배출된다. 이탈리아 연구진의 캡슐 로봇 개발에 한국 기술진도 힘을 보탠 것으로 알려졌다. (2010년 9월 4일)

이인식의 멋진과학 169

과학자의 끊임없는 부정행위

　미국 지식인 사회가 불미스러운 사건으로 시끄럽다. 8월 10일 보스턴의 한 신문이 하버드대 심리학과 마크 하우저(51) 교수가 부정행위를 저지른 것으로 밝혀졌다고 폭로했기 때문이다. 하우저는 영장류의 행동과 동물의 인지능력을 연구하는 진화생물학자이다. 2006년 8월 펴낸 『도덕적 마음Moral Minds』으로 세계적 명성을 얻기도 했다. 이 책에서 사람은 태어날 때부터 선과 악을 판별하는 도덕관념을 갖고 있다고 주장해 학계의 주목을 받았다.

　8월 20일 하버드대는 언론 보도가 사실임을 확인했다. 3년간의 내부 조사 끝에 하우저의 논문 8편이 조작된 것으로 드러났다고 발표했다. 이 중에는 2002년 『인지Cognition』 11월호와 2007년 『사이언스』 9월 7일 자에 게재된 논문도 들어 있다. 원숭이가 사람에 가까운 인지

능력을 갖고 있다는 실험 결과를 제시한 논문들이다. 그를 세계적 동물행동학자의 반열에 끌어올린 논문들이 모조리 엉터리 자료를 사용한 것으로 밝혀진 셈이다. 명문 대학의 스타 교수가 속임수를 썼기 때문에 후유증이 만만치 않을 조짐이다.

과학자의 연구 결과는 동료 과학자들에 의해 엄격히 검증됨에도 불구하고 부정행위는 끊임없이 발생하고 있다. 역사에 이름을 남긴 위대한 과학자들도 서슴없이 실험 자료를 날조하고 기만을 일삼았다. 프톨레마이오스, 아이작 뉴턴, 그레고어 멘델의 실험 자료는 미심쩍은 부분이 없지 않은 것으로 밝혀졌다.

2세기에 이집트 알렉산드리아에서 활약한 프톨레마이오스는 역사상 가장 영향력 있는 천문학자 중 한 사람이었다. 그가 주장한 천동설은 1,500년 동안이나 서구 사회를 지배했다. 그러나 19세기에 그의 천문 관측 자료가 이집트 해안에서 밤중에 얻어 낸 것이 아니라 대낮에 도서관에 앉아 그리스 학자들의 연구를 표절해 꾸며 낸 것으로 밝혀졌다.

현대 과학의 창시자인 뉴턴은 중력의 법칙을 수식으로 표현한 천재이지만 그의 이론을 보다 설득력 있게 만들기 위해 실험 자료를 손질했다. 뉴턴 같은 천재가 자료를 날조한 것도 놀랄 만한 일이지만 같은 시대의 어느 누구도 그런 기만행위를 눈치채지 못했다는 사실 또한 놀라울 따름이다.

유전학의 아버지로 여겨지는 멘델이 발표한 완두콩 연구 논문은 실험 자료가 사실이라고 믿기에는 너무나 정확했다. 유전학자들은 실험 자료가 대부분 멘델이 기대한 결과에 대단히 잘 일치되게끔 왜곡되어 있다고 확신한다.

　이러한 기만행위는 21세기 들어서도 빈발하고 있다. 미국의 얀 헨드리크 쇤 박사와 한국의 황우석 교수의 논문 조작 사건이 가장 이목을 집중시켰다. 2002년 9월 첨단 기술의 요람인 미국 벨 연구소는 소속 연구원인 32세의 쇤 박사가 『사이언스』와 『네이처』에 발표한 10여 편의 논문이 실험 자료를 조작한 것으로 판명되었다고 발표했다. 2005년 5월 『사이언스』 표지를 장식한 황우석 교수의 논문은 날조된 사실이 들통 났다. 검찰에 의해 '과학계의 성수대교 붕괴 사건'에 비유될 만큼 한국 사회를 공황 상태로 몰아넣었다.

　연구실을 지키지 않고 세속적 명성에 집착하는 정치 지향적 과학자들이 행세하는 사회에서는 언제든지 제2의 마크 하우저가 나타나지 말란 법이 없다. (2010년 9월 11일)

고향을 꿈꾸는 자에게 행운이

한가위를 맞아 민족 대이동이 시작된다. 객지에서 향수에 젖어 사는 시골 출신들에게 추석만큼 의미 있게 고향을 찾아 나설 기회도 흔치 않을 것이다. 향수, 곧 노스탤지어(nostalgia)는 그리스어로 '돌아감'과 '아픔'을 뜻하는 단어가 합성된 것으로, 특정 장소나 시간으로 돌아가고 싶은 욕망으로부터 비롯되는 고통을 의미한다.

이 용어는 17세기에 스위스 의사가 만들었다. 유럽 여러 나라에서 용병으로 근무하던 스위스 청년들은 고향이 그리워 소리 내어 울거나 불면증, 불안감, 식욕감퇴 따위의 증상을 호소했다. 스위스 용병이 고향과 가족을 떠올리며 고통 받는 모습을 표현하기 위해 노스탤지어라는 단어가 만들어진 것이다. 이를테면 향수는 처음부터 일종의 정신질환으로 간주된 셈이다. 19세기에는 정신분석학에서 우울증의 병적인 형태라고 규정하기도 했다. 20세기 중반까지도 과거를 감상적으로 동경하는 노스탤지어는 부정적 감정으로 여겨졌다.

학자들 사이에서 노스탤지어를 긍정적 감정으로 이해하기 시작한 시기는 1979년이다. 미국 사회학자가 사람들이 노스탤지어를 '좋았던 시절'이나 '따뜻한 고향' 같은 긍정적 단어와 연결시킨다는 사실을 밝혀냈기 때문이다. 하지만 과학자들이 노스탤지어 감정의 연구에 착수한 것은 얼마 전의 일이다.

2006년 영국, 네덜란드, 미국의 사회심리학자로 구성된 연구진은 노스탤지어 기억을 처음으로 과학적으로 분석하는 실험을 했다. 네덜란드의 팀 빌드슈트가 주도한 이 실험에는 노스탤지어 연구의 중심인 영국 사우샘프턴대 전문가들이 참여했다. 실험 결과 노스탤지어 기억은 대부분 즐거운 내용으로 회상되는 것으로 밝혀졌다. 2006년 『인성과 사회심리학 저널(JPSP)』 11월호에 발표된 논문에서 노스탤지어는 근본적으로 긍정적 감정이라는 결론을 내렸다.

2006년 사우샘프턴대 사회심리학자들은 노스탤지어가 사회적 소속감에 미치는 영향을 분석하는 실험을 했다. 인간관계를 형성하는 능력, 자신의 감정을 타인과 공유하는 개방성, 친구를 정서적으로 지원하는 태도 등을 평가한 결과 노스탤지어 감정이 풍부한 사람일수록 이러한 사회적 능력에서 높은 점수를 받은 것으로 나타났다. 노스탤지어가 사회적 접착제 기능을 가진 것으로 밝혀진 셈이다. 이러한 기능이 서구 문화뿐만 아니라 동양 사회에서도 보편적 현상인지 확인하기 위해 중국 심리학자들과 합동 연구를 했다. 실험 결과 중국에서도 노스탤지어가

사회적 결속에 긍정적으로 작용하는 것으로 나타났다. 2008년 『심리과학』 10월호에 발표된 논문에서 과거를 그리워하는 마음은 문화적 배경에 관계없이 사회적 소속감을 증대시키는 역할을 한다고 주장했다.

격월간 『사이언티픽 아메리칸 마인드』 7~8월호에 따르면 사우샘프턴대의 연구 결과 영국 대학생의 79퍼센트가 일주일에 적어도 한 번 노스탤지어 감정을 느끼는 것으로 나타났다. 날마다 그런 순간을 겪는다는 대학생도 16퍼센트나 되었다.

옛날을 회고하거나 고향을 그리워하는 일이 부질없는 시간 낭비가 아니라 개인의 심리적 건강 상태에 도움이 되고 사회생활에 보탬이 된다는 연구 결과는 여간 반가운 게 아니다. 고향을 꿈꾸는 자에게 행운이 늘 함께할지니. (2010년 9월 18일)

이인식의 멋진과학 171

가난한 여자가 일찍 엄마가 되는 이유는

가난 구제는 나라도 못한다는 말이 있다. 집안 살림이 궁핍한 것은 가족의 무능 때문이므로 제3자가 나서서 해결될 일이 아니라는 뜻이 담겨 있다. 경제적으로 최하층에 속한 사람들이 일으키는 각종 사회문제를 순전히 당사자 개인의 문제로 치부하는 것도 같은 맥락이다. 하지만 복지국가 건설을 꿈꾸는 서구의 진보 좌파 정치인들은 사회 밑바닥 계층의 빈곤과 반사회적 성향에 대해 사회의 구조에도 일정 부분 책임이 있다고 강조한다. 이런 주장이 정치적 정당성과는 별개로 생물학적으로는 타당한 측면이 없지 않다는 연구 결과가 잇따라 발표되고 있다.

가혹한 환경에 살면서 병에 걸리기 쉽고 젊어서 죽을 운명인 동물은 자구책으로 일찍 새끼를 낳아 얼른 성장시킨다. 고달픈 삶을 꾸려 가는 사람들 역시 10대에 자식을 낳는 성향이 강한 것으로 밝혀졌다. 미국 미시간대 보비 로는 세계 각국의 여성이 아이를 갖는 시기와 기대수명의 관계를 분석했다. 2008년 계간 『비교문화 연구Cross-Cultural Research』 8월호에 실린 논문에서 기대수명이 짧은 여성일수록 어린 나이에 첫아이를 임신한다고 보고했다. 영국 뉴캐슬대 대니얼 네틀은 선진국에서도 이런 현상이 나타나는지 조사했다. 영국의 8,000가구를 분석한 결과 가장 궁핍한 사람들의 기대수명은 50년에 불과해서 부유한 사람보다 20년 가까이 적었다. 2010년 격월간 『행동생태학Behavioral Ecology』 3~4월호에 '젊어서 죽고 빨리 산다Dying young and Living fast'는 제목의 논문을 발표하고 가난한 여자는 어린 나이에 첫아이를 임신하며 단기간에 여러 자식을 낳는 것으로 나타났다고 보고했다. 비교적 젊은 나이에 죽을지 모른다고 생각하는 여자가 10대에 서둘러 어머니가 되는 현상은 미국 흑인 사회에서도 확인되었다. 부유한 사회의 여인이 30세에 첫 임신을 하는 반면 가난한 지역의 여자가 20세 이전에 출산하는 것은 인류 사회의 보편적 현상으로 밝혀진 셈이다.

가난한 집안에서 태어난 아이들은 무책임한 아버지 때문에 지능 발달도 더디다는 연구 결과가 발표되었다. 경제적으로 무능한 가장은 도박이나 범죄에 휩쓸리기 쉽고 바람을 피울 가능성도 크다. 아버지가 가출한 가정에서 자란 소녀는 성적으로 조숙해서 어려서 임신을 하기 쉽다. 게다가 아버지의 사랑을 모르고 자란 아이들은 지능 발달도 더디다. 2008년 격월간 『진화와 인간 행동(EHB)』 11월호에 발표한 논문

에서 네틀은 1958년 3월 영국에서 태어난 1만 7,000명을 분석한 결과 아버지의 사랑을 많이 받은 자식일수록 지능지수가 높은 것으로 나타났다고 보고했다.

　궁핍한 집안의 딸들에게 조기 출산이 열악한 환경에 대처하는 생물학적 전략이라면 이는 결코 개인의 선택으로 볼 수만은 없는 문제이다. 따라서 영국 주간 『뉴 사이언티스트』 7월 17일 자 커버스토리는 가령 많은 예산을 투입해 성교육을 실시하더라도 10대 출산을 막을 수 없다고 역설했다. 경제적 취약 계층이 가난으로부터 벗어나도록 일자리를 제공하는 것과 아울러 미래에 희망을 걸게끔 누구나 균등한 기회를 누리는 공명정대한 사회가 되었을 때 비로소 개천에서 용이 날 수도 있다고 주장했다. (2010년 10월 2일)

이인식의 멋진과학 172
돈으로 삶을 윤택하게 하려면

　돈으로 행복을 살 수 있을까? 행복경제학(happiness economics) 연구자들이 답을 찾고 있는 핵심 질문이다. 초창기 행복경제학에서 금과옥조처럼 여긴 이론은 '이스털린 역설'(Easterlin paradox)이다. 미국 경제학자 리처드 이스털린은 2차 세계대전에 패망한 뒤 급속한 경제 발전을 이룬 일본 사람들의 삶에 대한 만족도를 분석했다. 1950년부터 1970년까지 일인당 소득은 7배나 늘어났지만 삶에 만족하는 일본인은 많지 않은 것으로 밝혀졌다. 부유해졌지만 행복해진 것은 아니었다. 1974년 이스털린은 경제성장이 반드시 삶의 만족도를 높여 주지는 않는다는 연구 결과를 발표했다. 행복은 절대소득보다 상대소득에 의해 결정된다는 이스털린 역설은 사회과학의 표준 이론이 되어 행복은 돈으로 살 수 없다는 주장을 뒷받침하는 근거가 되었다.

하지만 30여 년이 지나서 이스털린 역설에 정면으로 도전하는 논문이 발표되었다. 미국 펜실베이니아대 경제학자 벳시 스티븐슨과 저스틴 울퍼스는 여러 나라에서 실시된 각종 여론조사 결과를 분석하고, 부자 나라 국민들이 더 행복하며 돈이 많은 사람일수록 삶에 대한 만족도가 높다는 결론에 도달했다. 2008년 반연간 『경제활동에 관한 브루킹스 논총(BPEA)』 봄호에 발표된 100쪽이 넘는 논문에서 미국의 경우 한 해 가구 소득이 25만 달러를 넘는 사람은 90퍼센트가 매우 행복하다고 응답한 반면 연소득 3만 달러 미만인 사람은 42퍼센트만이 만족한다고 말했다고 밝혔다. 돈을 많이 벌수록 행복을 더 느낀다는 연구 결과는 34년간 난공불락이던 이스털린 역설을 뒤집어엎은 셈이어서 큰 파장을 일으켰다.

그러나 돈이 많으면 고가의 저택에 살고 해외여행도 실컷 다니는 기회가 많을 테지만 삶의 즐거움까지 실컷 누리게 되는 것은 아니라는 논문이 발표되었다. 벨기에 심리학자 조디 큐오이드바흐 주도하에 여러 나라 학자가 참여한 공동 연구에서 부유한 사람일수록 살아가는 재미를 만끽하는 능력이 부족하다는 결과가 나왔다. 『심리과학』 6월호에 발표한 논문에서 돈이 많으면 가장 비싸고 귀한 것들만을 소유할 수 있지만 돈이 끝내 사소한 행복을 누릴 수 있는 능력을 파괴한다고 주장했다. 요컨대 돈은 두 가지 얼굴을 갖고 있다는 뜻이다.

돈으로 욕망을 채우고도 삶의 잔재미를 느낄 수 없는 까닭은 일상생활에서 행복을 갈망하는 수준이 갈수록 높아지기 때문이라고 설명

되기도 한다. 미국의 행복학 전문가 손저 류보머스키는 『사이언티픽 아메리칸』 온라인판 8월 10일 자에서 돈이 많은 사람이 돈으로 행복을 살 수 있다고 믿게 되면 갈수록 낭비를 하게 되므로 결국 삶을 즐기는 능력을 훼손하게 된다고 주장했다. 미국인의 20퍼센트가 2년마다 새 자동차로 바꾸지만 행복감이 오래 지속되지 않는 것처럼 돈이 삶의 만족도를 끌어올리는 것은 아니라고 덧붙였다. 따라서 돈으로 삶의 질을 윤택하게 하는 방법을 궁리해서 실천할 것을 권유한다. 이를테면 가족과 여행을 자주 떠나거나 이웃의 가난한 사람들에게 아낌없이 기부를 하면서 얼마든지 행복감을 맛보면 된다. 어쨌거나 돈을 잘 활용해 행복한 나날을 보낼지 아니면 돈의 노예가 되어 피곤한 삶을 살지는 여러분의 선택에 달려 있는 것 같다. (2010년 10월 9일)

이인식의 멋진과학 173

사람이 죽어서 먼지로 돌아가기까지

　미국 테네시 대학에는 인체의 부패를 연구하는 세계 유일의 시설이 있다. 2003년 4월 미국 과학 저술가 메리 로취가 펴낸 『시신의 경직 Stiff』에 따르면 이 연구소에서는 사람이 죽은 뒤 시체가 분해되는 과정을 이해하기 위해 주검을 햇볕 아래 눕혀 놓거나 인공 연못에 내던지거나 비닐봉지로 싸기도 하면서 "살인자가 시체를 처리하기 위해 할 만한 짓"은 다 해 본다.
　이 연구소 책임자는 테네시대 범죄인류학 교수인 아파드 바스이다. 『사이언티픽 아메리칸』 9월호에 실린 글에서 바스는 사체가 4단계를 거쳐 분해된다고 설명한다. 인체 부패의 첫 단계는 '신선한(fresh)' 단계이다. 사망 직후부터 사체 냉각, 곧 시체가 식어 가는 현상이 일어난다. 시체는 주변 온도와 같아질 때까지 시간당 섭씨 0.8도 정도씩 체온을 잃는다. 인체의 부패는 자기분해, 곧 자기소화(selfdigestion)로 시작된다. 세포 안의 소화효소가 세포 구조물을 먹어 들어가면 세포 안에 있던 액체가 흘러나오는 현상을 의미한다. 자기소화 과정에 의해 흘러나온 세포 액체는 피부에 물집을 만든다. 물집이 터지면 액체가 피부를 느슨하게 만들면서 사체의 피부가 벗겨지는 허물벗기 현상이 일어난다. 1단계는 1~6일 사이에 진행된다.

사람이 죽고 1주일쯤 지나서 인체 부패의 2단계인 '팽창(bloat)'이 시작된다. 1단계에서 소화효소에 의해 파괴된 세포에서 흘러나온 액체는 영양분이 가득하여 몸속의 세균에게 훌륭한 먹이가 된다. 위장 안에서 사람이 먹은 것을 먹고 살던 박테리아가 사람을 먹기 시작하는 셈이다. 박테리아는 이 과정에서 이산화탄소, 메탄, 암모니아, 벤젠 따위의 기체를 만들어 낸다. 이런 가스는 사람이 살아 있는 동안에는 몸 밖으로 나가지만 사체에는 움직일 수 있는 근육이 없으므로 그냥 몸 안에 머문다. 세균이 가장 많이 몰려 있는 부위는 창자이기 때문에 가스가 점점 차오르면서 복부가 팽창하게 된다. 남자의 경우 음경과 고환에도 세균이 많이 있으므로 대단히 커진다. 눈을 제외하고 몸이 대부분 팽창하는 2단계는 7~23일 동안에 일어난다.

팽창 과정이 완료되면 3단계인 '부패(active decay)'가 사후 24~50일 사이에 진행된다. 부패는 세균에 의해 신체가 분해되어 반죽 같은 액체로 바뀌는 화학작용이다. 2단계에서도 부패 작용이 일어나지만 3단계에서 본격적으로 나타난다. 세균이 가장 많은 소화기관이 가장 먼저 분해되고 뇌도 일찍 소멸된다. 특히 근육은 박테리아뿐 아니라 구더기와 딱정벌레의 먹이가 되어 분해된다.

　마지막 4단계는 '건조(dry)'이다. 사후 51~64일 안에 일어나는 건조 과정에서는 사체가 해골로 바뀐다. 살은 모조리 없어지고 뼈만 앙상하게 남는다.

　아파드 바스에 따르면 인체가 부패하는 동안 400개 이상의 화학물질이 나온다. 냉장고에 사용되는 프레온, 휘발유의 성분인 벤젠 따위의 탄화수소 등이 시체에서 배출된다. 시체에서 풍기는 냄새는 말로 표현하기 힘들다. 『시신의 경직』을 인용하면 "썩는 과일과 썩는 고기의 중간쯤"이다. 시체에서 나오는 화학물질 30개만 이용하면 땅속에 매장된 위치를 찾아낼 수 있으므로 범죄 수사에 크게 도움이 되는 것으로 알려졌다. (2010년 10월 16일)

사장님 호르몬 따로 있을까

　서로 다른 학문 사이의 경계를 허물면서 새로운 가치 창출을 겨냥하는 지식 융합 바람이 거세게 불고 있다. 과학기술에서 문화예술까지 지식사회 전반에 걸쳐 급속도로 확산되는 융합 현상은 경제학과 경영학에서도 큰 흐름을 형성하기 시작했다. 행동경제학, 신경경제학, 복잡계경제학은 경제학이 다른 분야와 섞여서 출현한 융합 학문이다. 행동경제학은 인지심리학, 신경경제학은 신경과학, 복잡계경제학은 복잡성과학과 융합된 것이다.

　최근 경영학에서 생물학을 융합하는 연구가 성과를 거두고 있다. 3월 초 미국 경영학 교수 스콧 쉐인이 펴낸 『타고난 기업가, 타고난 지도자 Born Entrepreneurs, Born Leaders』는 행동유전학을 경영학에 접목한 대표적 사례로 손꼽힌다. 부제가 '당신의 유전자는 당신의 직업에 어떻게 영향을 미치는가'인 것처럼 유전과 직업의 상관관계를 분석했다. 분석에 활용된 방법은 쌍둥이 연구(twin study)이다. 행동유전학의 핵심 기법인 쌍둥이 연구는 유전자 전부를 공유한 일란성 쌍둥이와 유전자의 절반을 공유한 이란성 쌍둥이를 대상으로 유전자가 특정 형질에 미치는 영향을 분석하는 방법이다. 요컨대 쌍둥이 연구는 유전과 행동 사이에 존재하는 연결 고리를 탐색한다.

쌍둥이 연구는 국립 싱가포르대 비즈니스 스쿨(경영대학원)에서도 활용되고 있다. 영국 주간 『이코노미스트The Economist』 9월 25일 자에 따르면 기업가나 지도자가 어느 정도 자질을 타고나며 어느 만큼 후천적으로 길러지는지 알아보기 위해 일란성 쌍둥이 1,285쌍, 이란성 쌍

등이 849쌍을 연구했다. 싱가포르대 비즈니스 스쿨에서는 분자생물학과 신경과학을 경영학에 융합하는 시도를 하여 눈길을 끌었다. 경영학자에게 세포를 연구하는 분자생물학이나 뇌를 탐구하는 신경과학은 이질적인 분야일 수밖에 없기 때문에 이러한 시도는 높은 평가를 받고 있다. 유전자가 행동에 미치는 한 가지 형태는 신경전달물질의 작용이므로 도파민과 세로토닌을 연구한 것으로 알려졌다. 신경전달물질은 신경세포 사이에서 정보를 전달하는 화학물질이다. 도파민은 뇌의 쾌감 중추에서 기쁨과 행복을 불러일으키고, 세로토닌은 기분을 조절하는 신경전달물질이다. 물론 신경전달물질 말고도 행동에 영향을 미치는 유전적 요인은 한두 가지가 아니다. 호르몬 역시 중요한 역할을 한다. 경영학자들이 내분비학에 관심을 갖는 것도 그 때문이다.

호르몬 중에서도 테스토스테론이 가장 많이 연구된다. 남성호르몬인 테스토스테론은 기업가의 행동에 가장 많은 영향을 미치는 것으로 여겨지기 때문이다. 테스토스테론은 창의성, 위험을 감수하는 능력, 새로운 사업에의 도전 정신 등 기업가의 중요한 기본 자질과 긴밀하게 연결된 것으로 밝혀졌다.

경영학에서 행동유전학, 분자생물학, 신경과학, 내분비학처럼 언뜻 동떨어져 보이는 과학 분야와 지식 융합을 시도하는 목적은 가령 직업 만족도나 경영 능력이 유전적 요인에 의해 어느 정도 영향을 받는지 파악하는 데 있다. 만일 최고경영자의 자질이 상당 부분 타고나는 것으로 밝혀진다면 어설픈 사람을 공들여 키우는 것보다는 될성부른 재목을 고르는 편이 유리하다는 결론이 나올 법하다. (2010년 10월 23일)

이인식의 멋진과학 175

바람둥이의 부적은 기도

문명사회의 결혼 제도는 일부일처제가 당연시되고 있다. 그러나 결혼이 반드시 배우자 상호 간의 성적(性的) 충실성을 담보하는 것은 아니다. 혼외정사가 제2의 짝짓기 수단으로 공공연히 활용되고 있기 때문이다. 혼외정사는 다름 아닌 간통이다. 간통은 법률적으로는 기혼자가 배우자 이외의 이성과 성교하는 행위를 일컫지만 침실의 섹스 못지않게 전화 통화나 인터넷 전자우편 속에서도 은밀히 이루어지고 있다.

1993년 영국 맨체스터대 진화생물학자 로빈 베이커는 국제항구인 리버풀의 혼외정사 실태를 조사한 결과 10퍼센트가량의 아이가 친부가 아닌 사내에 의해 태어난 것으로 나타났다. 열 명의 아버지 중 하나는 남의 자식을 키우면서도 자신의 핏줄이라고 속고 있는 셈이다. 이처럼 혼외정사는 가족 모두에게 재앙을 불러올 수밖에 없다.

배우자의 외도를 막기 위해 중세 유럽에서는 정조대를 여자에게 채웠고, 이슬람 국가에서는 바람난 여자를 돌로 쳐 죽이고 있으며, 우리나라는 아직도 형법으로 다스린다. 하지만 러브호텔과 룸살롱이 번창하는 우리 사회에서 혼외정사는 갈수록 많은 기혼 남녀를 집 밖으로 유혹하고 있다. 최근 남편(또는 아내)의 바람기로 고민하는 사람들에게 그럴 법한 처방이 담긴 연구 결과가 발표되었다.

일반적으로 종교를 가진 부부가 그렇지 않은 쪽보다 결혼 생활에 더 만족하고 바람을 덜 피우는 것으로 알려져 있다. 미국 플로리다 주립대 프랭크 핀챔 교수는 그 이유를 밝히기 위해 기도가 부부 관계에 미치는 영향을 분석했다.

연애를 하고 있으며 기도를 한다는 대학생 83명을 대상으로 두 종류의 조사를 했다. 첫 번째 조사는 사랑하는 상대에 대한 성실성을 알아보는 것이었다. 사귀고 있는 사람 이외의 상대가 접근할 때 몸과 마음이 얼마나 달아오르는지 점수로 측정했다. 아무런 관심이 없으면 0점, 완전히 얼이 빠진 상태가 되면 9점으로 표시하도록 했다. 점수가 높게 나올수록 바람을 더 많이 피웠다고 간주할 수 있다. 조사 결과 평균 점수는 3.5로 나왔다.

두 번째 조사는 사랑하는 상대와의 관계를 어떻게 생각하는지 점수로 매겨 보는 것이었다. 상대와의 관계를 가장 만족스럽게 여길 경우 최고 9점을 기록하도록 했다. 점수가 높게 나올수록 상대를 더 많이 사랑한다고 간주되었다. 조사 결과 평균 점수는 3.2로 나왔다.

두 차례의 조사 이후 4주 동안 실험 대상자들에게 ①날마다 연인을

위해 기도하거나, ②연인을 긍정적으로 생각하거나, ③자신의 일과를 반성하는 행동 중에서 하나를 임의로 골라 실천하도록 했다. 4주 뒤에 다시 두 종류의 조사를 똑같이 했는데 흥미로운 결과가 나왔다. 먼저 첫 번째 조사의 경우 ①은 2.4, ②와 ③은 3.9로 나왔다. 연인을 위해 기도한 경우 점수(2.4)는 그렇지 않은 경우(3.9)보다 낮을 뿐 아니라 4주 전 점수(3.5)보다 훨씬 낮았다. 단순한 기도 행위만으로 바람을 피울 가능성이 훨씬 줄어들었다고 볼 수 있다. 두 번째 조사도 이와 비슷한 결과가 나왔다.

『인성과 사회심리학 저널(JPSP)』 온라인판 8월 16일 자에 실린 보고서는 기도를 함께 하는 부부일수록 혼외정사를 할 가능성이 작아진다고 주장했다. (2010년 10월 30일)

사이코패스 치료는 가능한가

연쇄살인이나 연쇄 성폭행처럼 끔찍한 범죄를 눈 하나 까딱 않고 저지르는 사람들은 대개 사이코패스(psychopath)에 해당한다. 이들은 적어도 두 가지 측면에서 보통 사람과 다르다. 첫째, 사이코패스는 반사회성 인격장애를 갖고 있다. 거짓말을 잘하고 속임수를 잘 쓰며 무책임한 행동을 일삼는다. 잘못을 저질러 놓고 버릇처럼 핑계를 대거나 세상 탓으로 돌린다. 사람을 대할 때 건방지게 굴며 남을 괴롭히면서 쾌감을 느낀다. 누구나 지켜야 하는 기본적인 사회적 의무도 내팽개친다. 범법 행위를 저지르고 참회는커녕 양심의 가책으로 괴로워하지 않는다.

둘째, 사이코패스는 정서적으로 결함이 많다. 무엇보다 감정이입 능력이 없기 때문에 남을 배려하는 감정이 크게 결핍되어 냉혹하고 잔인하기 짝이 없다. 충동을 억누르지 못해 곧잘 말썽을 부리고 바라는 대로 되지 않으면 쉽게 짜증을 낸다. 보통 사람보다 더 빨리, 더 자주, 더 극렬하게 공격적인 반응을 나타낸다. 다른 사람의 시선을 놀라울 정도로 냉담하게 무시하고 난잡한 성생활을 즐긴다. 특히 공포에 대한 감정이 무뎌서 상대방의 겁에 질린 얼굴을 보고도 별다른 반응을 나타내지 않기 때문에 참혹한 살인 행위도 서슴지 않는다.

사이코패스가 정서적으로 문제가 있다면 뇌 기능에 장애가 발생했다고 볼 수도 있다. 미국 뉴멕시코대 신경과학자 켄트 카이엘은 수백만 달러가 투입되는 연구 과제를 만들어 교도소에 수감된 사이코패스 1,000명의 뇌를 기능성 자기공명영상 장치로 들여다보고 몇몇 부위가 발달하지 않거나 손상된 상태임을 밝혀냈다. 물론 모두 정서 반응과 관련된 부위이다. 무엇보다 눈 뒤에 위치한 안와전두피질(orbitofrontal cortex)의 기능에 문제가 있었다. 위험, 보상, 처벌에 관련된 의사결정을 하는 영역이므로 손상될 경우 충동적인 판단을 하게 된다. 그 밖에도 분노와 성욕을 관장하는 편도체, 감정이입 상태를 조절하고 충동을 제어하는 전두대상피질(ACC) 등에 이상이 있는 것으로 나타났다.

격월간 『사이언티픽 아메리칸 마인드』 9~10월호 커버스토리로 실린 글에서 카이엘은 사이코패스는 선천적이기도 하지만 후천적인 경우도 많다고 주장했다. 유전과 환경 모두 반사회성 인격장애에 영향을 미친다는 뜻이다. 사이코패스는 5세 때부터 성향이 나타나므로 일찌감치 치료할 필요가 있다. 하지만 미국의 경우 우울증 연구에는 수

십억 달러가 투입되는 반면 사이코패스 치료 연구에는 100만 달러도 사용하지 않는 것으로 알려졌다. 미국 교도소 안에 갇힌 사이코패스 관리를 위해 해마다 2500억~4000억 달러가 사용되고 있는 실정이다. 요컨대, 사이코패스 치료 연구에 서둘러 투자를 하면 사이코패스를 사회로부터 격리시키는 데 필요한 비용을 얼마든지 절감할 수 있다는 것이다.

미국 교도소에는 50만 명의 사이코패스가 갇혀 있지만 25만 명은 거리를 활보하고 있다. 지금도 당신은 사이코패스와 만나고 있는지 모른다. 그들은 언제든지 흉악한 범인으로 돌변할 수 있다. 사이코패스 치료법이 개발되어 좀 더 안전한 사회에서 살 수 있으면 좋으련만.

(2010년 11월 13일)

이인식의 멋진과학 177

승자는 포르노를 즐긴다

    2일 미국 중간선거에서 야당인 공화당이 압승을 거두고 연방하원의 다수당이 되었다. 공화당을 지지한 보수층 유권자들은 희희낙락하며 가족이나 친지들과 축배를 들고 컴퓨터를 켜 놓은 채 인터넷에서 포르노그래피를 열심히 보았을 가능성이 크다. 선거에 승리한 사람들이 인터넷 포르노 영화를 즐길 것이라고 여기는 근거는 '도전 가설' (challenge hypothesis)이다. 수컷의 공격성이 테스토스테론 분비량에 따라 달라지는 현상을 설명하는 이론이다.

    고환에서 분비되는 남성호르몬인 테스토스테론은 사춘기에 나타나는 음성 변화, 거웃 성장, 성기 발육과 같은 신체적 변화를 통제할 뿐 아니라 성욕은 물론 폭력이나 위험을 불사하는 행동을 유발하는 원인으로 여겨진다.

도전 가설은 1990년 일부일처의 충실성을 보여 주는 조류에서 테스토스테론과 공격성의 관계를 설명하기 위해 제안되었다. 배우자에 대한 일편단심으로 유명한 백조와 앨버트로스(신천옹), 산비둘기 등은 군집을 이루고 살지만 하나의 짝하고만 교미한다. 이런 새들은 봄에 수컷이 암컷보다 먼저 날아와 세력권을 놓고 싸움을 벌인다. 적수에 대한 공격성이 강화되면 수컷의 핏속에서 순환하는 테스토스테론 수치가 상승한다. 하지만 어린 새끼를 돌볼 시기가 되면 테스토스테론의 혈중 수치는 내려가고 공격 성향도 약화된다.

조류의 행동을 설명한 도전 가설은 물고기, 도마뱀, 여우원숭이, 붉은털원숭이에 이어 침팬지의 행동에도 적용되는 것으로 밝혀졌다. 이런 동물의 수컷은 환경의 도전에 대해 테스토스테론 수치의 증가로 반응한다는 것이다.

2006년 영국 심리학자 존 아처는 『신경과학 및 생물 행동 개관Neuroscience and Biobehavioral Reviews』 제3호에 실린 논문에서 도전 가설로 사람의 공격성도 설명할 수 있다고 주장했다. 성인 남자는 성적으로 매력적인 여자로부터 성욕을 느끼거나 다른 남자와 명예를 걸고 경쟁하는 상황에 처했을 때처럼 도전에 직면하면 테스토스테론의 혈중 수치가 상승한다는 것이다. 레슬링, 태권도, 유도 경기는 물론 체스 게임이나 단순한 동전 던지기 시합을 할 때조차 테스토스테론 수치가 오르락내리락하는 것으로 밝혀짐에 따라 도전 가설이 사람에게도 적용 가능한 것으로 확인된 셈이다.

미국 빌라노바대 심리학자 패트릭 마키는 테스토스테론에 의해 흥

분된 남자는 그렇지 않은 쪽보다 포르노를 더 좋아할 것이라고 전제하고 실험을 통해 이를 입증했다. 먼저 인터넷에서 포르노를 찾는 사람들이 즐겨 사용하는 용어 10개를 고른 다음에 이 용어들이 미국의 선거 전과 후에 얼마나 자주 사용되는지를 주(州)별로 분석했다. 2004년 대선, 2006년 중간선거, 2008년 대선에서 모두 똑같은 결과가 나왔다. 격월간 『진화와 인간 행동(EHB)』 11월호에 실린 논문에서 민주당과 공화당 어느 쪽이 이기건 간에 승리한 쪽에 투표한 주에 거주하는 사람들은 인터넷 포르노를 찾는 비율이 증가한 반면 패배한 쪽에 투표한 주에 거주하는 사람은 포르노를 덜 본 것으로 나타났다고 주장했다. 2012년 우리나라 대선에서 어느 쪽 지지자들이 승리해서 컴퓨터 앞에 앉아 포르노를 열심히 즐기게 될는지. (2010년 11월 20일)

이인식의 멋진과학 178

윤리적인 로봇

    1921년 체코 작가 카렐 차페크(1890~1938)가 발표한 희곡 「로섬의 만능 로봇」은 로봇이라는 단어가 처음 사용된 작품으로 유명하다. 로섬은 노동자처럼 일하는 기계, 곧 로봇을 만든다. 사람을 닮은 로봇에게 고통을 느끼는 능력을 주었는데, 화가 난 로봇들이 마침내 반란을 일으켜 인간을 모조리 죽인다. 1968년 스탠리 큐브릭(1928~1999) 감독의 영화 「2001년: 우주여행2001: A Space Odyssey」에는 사람 못지않게 영리한 기계가 나온다. 우주선의 두뇌 기능을 수행하며 사람과 자연언어로 대화하는 이 컴퓨터는 끝내 우주선의 승무원을 살해한다. 1999년 부활절 주말에 미국에서 개봉된 영화 「매트릭스」의 무대는 2199년 인공지능 기계와 인류의 전쟁으로 폐허가 된 지구이다. 인공지능 컴퓨터들은 인류를 정복해 인간을 자신들에게 에너지를 공급하는 노예로 삼는다. 땅속 깊은 곳에서 사람들은 매트릭스 컴퓨터의 배터리로 사육되는 것이다. 말하자면 인간은 오로지 기계를 위해 태어나며 생명이 유지되고 이용될 따름이다.

소설과 영화 속에서 인간에게 공포를 안겨 준 로봇이 현실 세계에서 사람을 해친 사건이 발생했다. 1979년 미국 공장의 조립 라인에서 우발적 사고로 로봇에 의해 사람이 죽게 된 것이다. 29세에 요절한 이 노동자는 로봇에 의해 살해된 최초의 인간으로 기록되었다. 이 로봇은 1942년 미국 과학소설가 아이작 아시모프(1920~1992)가 제안한 '로봇공학의 3대 법칙'을 위반한 셈이다. 로봇공학 3대 법칙은 다음과 같다. ①로봇은 인간에게 해로운 행동을 하지 않으며, 인간이 해를 당하는 것을 그냥 지켜봐서는 안 된다. ②로봇은 첫 번째 법칙에 어긋나는 경우가 아니면 인간의 명령에 따라야 한다. ③로봇은 첫 번째 법칙과 두 번째 법칙에 어긋나지 않는 범위에서 자신을 보호해야 한다.

아시모프의 로봇공학 3대 법칙을 지킬 줄 아는 로봇은 일종의 윤리적 감각을 지녔다고 볼 수 있다. 이런 로봇은 사람처럼 목표 지향적인 의사결정을 하는 과정에서 자신의 목표에 이로운 것과 해로운 것의 가치를 판단하는 능력을 가진 윤리적 로봇(ethical robot)인 셈이다. 2000년 로봇의 윤리적 기능을 연구하는 분야는 기계 윤리(machine ethics)라고 명명되었다. 기계 윤리는 로봇에게 인간과 상호 작용하면서 지켜야 하는 윤리적 원칙을 부여하는 연구이다. 이를테면 사람과 로봇 모두에게 이로운 행동을 할 수 있는 기계를 만들기 위해 로봇공학과 윤리학

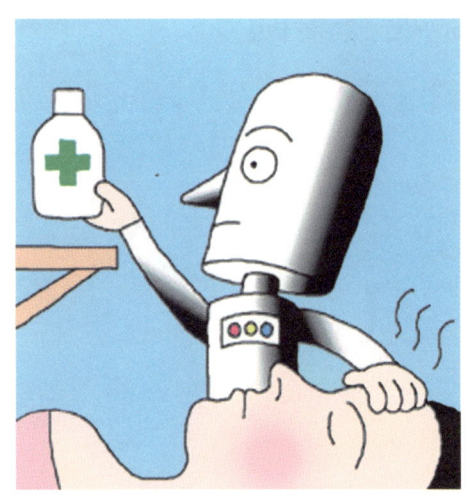

이 융합한 학문이다.

　기계 윤리를 주도하는 인물은 미국 하트퍼드대 컴퓨터 과학자 마이클 앤더슨과 코네티컷대 철학자 수전 앤더슨이다. 이들은 2004년 윤리적 원칙을 프로그램으로 만들어 로봇에 집어넣을 것을 제안했다. 2005년에는 기계 윤리에 대한 최초의 국제 심포지엄을 주관했다. 이들의 주장은 나오(Nao)에 의해 실현 가능한 것으로 판명되었다. 2010년 프랑스 회사가 개발한 나오는 윤리적 원칙이 프로그램으로 들어 있는 휴머노이드(인간형 로봇)이다. 최초의 윤리적 로봇인 나오의 주요 임무는 환자와 대화하면서 제때 약을 먹도록 돕는 것이다. 『사이언티픽 아메리칸』 10월호에 기고한 글에서 두 사람은 "로봇이 사람보다 더 윤리적으로 행동할 수도 있다."고 주장했다. (2010년 11월 27일)

이인식의 멋진과학 179

짝퉁은 소비자 마음 타락시킨다

시계나 의류를 사면서 명품과 짝퉁을 놓고 고민해 본 사람은 한둘이 아닐 것이다. 가령 스위스 명품 시계를 사자니 돈이 많이 들고 중국산 짝퉁 시계를 사자니 자존심이 상하고.

유명 상품 디자인의 싸구려 복제품을 짝퉁(knockoff)이라 한다. 짝퉁은 신발, 장신구, 전자제품은 물론 최음제 같은 의약품에도 적지 않다. 호주머니 사정이 넉넉한 사회 상류층은 경제력을 과시하기 위해 명품을 소비하는 반면 일반 서민은 명품과 비슷한 짝퉁을 구매함으로써 신분 상승 욕구를 충족시키는 것으로 여겨진다.

짝퉁은 대부분 불법 제품이므로 소비 규모를 공식적으로 집계할 수 없지만 갈수록 성장하는 추세인 것만은 분명하다. 2009년 11월 경제협력개발기구(OECD) 보고서에 따르면 세계무역에서 짝퉁 비율은

2000년 1.85퍼센트에서 2007년 1.95퍼센트로 늘어났다. 금액으로는 2005년 2000억 달러에서 2007년 2500억 달러로 증가했다. 한편 세계 암시장 정보를 제공하는 해벅스코프(www.havocscope.com)에 따르면 2010년 4월 현재 세계 짝퉁 시장은 6000억 달러에 이른다. 1위 미국 2250억 달러, 2위 일본 750억 달러, 3위 중국 600억 달러이다. 한국은 142억 달러로 추정되었다.

세계 짝퉁 시장이 비약적으로 성장하는 이유로는 세계화가 꼽힌다. 세계적 명품 업체들이 인건비가 싸고 환경 규제가 적은 제3세계로 생산 기지를 옮김에 따라 후진국 업체가 정보를 훔쳐 내서 명품과 똑같아 보이면서 가격은 훨씬 저렴한 가짜를 만들 수 있는 기회를 갖게 되었다는 것이다.

짝퉁 소비자는 적은 비용을 들여 명품 사용자가 만끽하는 정신적 욕구, 이를테면 돈이 많거나 사회적 지위가 높은 상류층이 향유하는 우월감과 자부심을 충족하게 될 것으로 기대한다. 하지만 싸구려 가짜 물건으로는 값비싼 진짜 명품을 소비할 때 맛보는 정신적 보상을 얻을 수 없다는 연구 결과가 나왔다.

미국 듀크대 행동경제학자 댄 애리얼리와 하버드대 경영학자 마이클 노턴은 짝퉁 사용자의 심리를 분석하는 실험을 두 차례 실시했다. 첫 번째 실험에서 젊은 여자 여러 명에게 값비싼 색안경을 쓰게 했다. 진짜 명품이었지만 실험 대상자의 절반에게는 짝퉁이라고 일러 주었다. 먼저 복잡한 수학 문제를 풀게 하고 시간이 종료된 후에 스스로 점수를 매겨 맞은 답만큼 돈을 가져가게 했다. 색안경이 진짜임을 알

고 있는 여성은 30퍼센트가 점수를 속여 돈을 더 많이 가져간 반면 짝퉁을 쓰고 있다고 생각한 여성은 70퍼센트가 성적을 부풀려서 현금을 부당하게 챙겼다. 가짜 물건을 사용한 여성이 진품 소비자보다 더 많이 속임수를 쓰게 된 셈이다.

두 번째 실험에서는 그들이 잘 알고 있는 사람들에 대해 어떻게 생각하고 있는지 기록하도록 했다. 명품 색안경을 쓴 여성은 남들을 비교적 긍정적으로 평가한 반면 짝퉁을 쓰고 있다고 여긴 여성은 대부분 남들을 부정직하며 속임수를 잘 쓸 것이라고 기록했다. 짝퉁을 사용하면 당사자의 도덕성이 파괴될 뿐만 아니라 타인에 대해서도 부정적 태도를 갖게 되는 것으로 밝혀진 셈이다. 『심리과학』 5월호에 실린 연구 논문은 짝퉁이 소비자의 마음을 도덕적으로 타락시킨다고 주장했다. (2010년 12월 4일)

이인식의 멋진과학 180

마음이 혹하면 뇌는 오판한다

코크 대 펩시. 세계 음료 시장에서 자웅을 겨루는 코카콜라(코크)와 펩시콜라의 승부만큼 시장조사 전문가를 헷갈리게 하는 것도 드물다. 왜냐하면 피시험자가 예비지식이나 선입견 없이 치르는 검사인 블라인드 테스트(blind test)에서는 펩시가 코크를 이기는 것으로 나타나지만 시장에서 점유율은 열세이기 때문이다. 이른바 펩시 역설(Pepsi paradox)을 설명하기 위해 미국 신경과학자 리드 몬태규는 기능성 자기공명영상 장치로 두 콜라 제품에 대한 소비자의 뇌 반응을 조사했다.

먼저 두 음료의 상표를 알려 주지 않고 실시한 실험에서 피시험자들의 만족감과 관련된 뇌 영역이 거의 비슷한 반응을 나타냈다. 그러나 두 음료의 상표를 알려 준 실험에서는 피시험자들의 75퍼센트가 코크의 맛이 더 좋다고 말했으며 평가와 관련된 뇌 영역이 펩시보다 코크에 대해 훨씬 더 활성화되었다. 2004년 격주간 『뉴런Neuron』 10월 14일 자에 실린 보고서에서 장기간에 걸친 코카콜라의 광고가 소비자의 기호와 관련된 뇌 부위에 영향을 미치는 데 주효한 결과라고 결론을 내렸다.

뇌 영상 기술을 사용하여 소비자의 구매 동기에 영향을 미치는 뇌의 구조와 기능을 연구하는 분야를 신경마케팅(neuromarketing)이라 한다. 시장조사와 신경과학이 융합한 신경마케팅은 종래의 방식, 곧 표준 질문서로 잠재 고객을 면접하는 기법의 한계를 뛰어넘기 때문에 기대를 모으고 있다. 소비자가 구매할 때 의사결정 과정은 어렴풋이 의식하고 있는 상태, 곧 잠재의식 수준에서 발생한다. 따라서 면접 조사의 경우 소비자들은 특정 상품을 선택한 이유를 확실히 모르기 때문에 제대로 답변할 수 없어 객관적이지 못한 결과가 나온다. 하지만 신경마케팅은 뇌 안에 숨겨진 소비자의 구매 동기나 상품 선호도를 직접 알아낼 수 있다.

신경마케팅 연구로 소비자가 구매 결정을 할 때 합리적 판단보다는 정서적 반응과 관련된 뇌 영역이 활성화되는 것으로 밝혀졌다. 상품 광고의 경우 일단 긍정적 느낌을 갖게 되면 합리적 선택은 어려워지는 것으로 나타났다. 다시 말해 특정 상품에 마음이 끌리고 나면 더 우수한 경쟁 상품이 나오더라도 거들떠보지 않게 된다는 뜻이다. 코카콜라처럼 휴대전화, 커피, 브래지어, 생리대, 자동차, 아파트의 텔레비전 광고가 소비자에게 좋은 감정을 불러일으키려고 갖은 노력을 할 만도 하다.

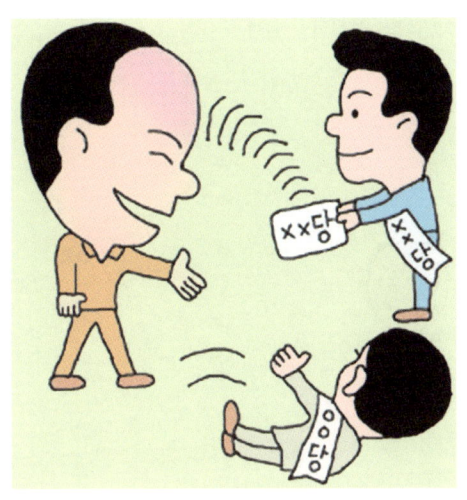

　신경마케팅은 기능성 자기공명영상 장치에 의존했으나 비용이 많이 들고 사용하는 데 제약이 많은 단점이 있었다. 가령 뇌 영상을 찍을 때 머리를 조금만 움직여도 자료가 망가지기 쉬웠다. 대안으로 뇌전도(EEG)가 채택되면서부터 신경마케팅을 활용하는 기업이 부쩍 늘어나고 있다. 뇌전도는 두피에 전극을 부착해 대뇌의 전기적 활동, 곧 뇌파를 기록하는 장치이다. 뇌전도는 기술적으로 사용하기 쉽고 비용도 적게 들어 소규모 기업에서도 시장조사에 채택하는 추세이다.

　신경마케팅은 유권자의 선택에 모든 것을 거는 정치적 상품인 선거 입후보자의 홍보에도 활용될 전망이다. 미국 행동경제학자 댄 애리얼리는 『네이처 신경과학 개관 Nature Reviews Neuroscience』 4월호에 실린 논문에서 그 가능성을 강조했다. (2010년 12월 11일)

이인식의 멋진과학 181

남의 불행이 곧 나의 행복

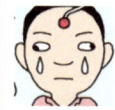

11월 24일 연평도를 방문한 정치인들이 북한 공격으로 폐허가 된 건물 앞에서 불에 그은 보온병을 들고 포탄이라고 말한 것으로 알려져 뒷말이 많았다. 국민 일부는 분통을 터뜨렸지만 일부는 쾌재를 불렀다. 남의 잘못이나 불행을 고소하게 여기는 심리 상태를 독일어로 샤덴프로이데(schadenfreude)라고 한다. 불운(샤덴)과 기쁨(프로이데)의 합성어로서 '남의 불행이 곧 나의 행복'이라는 뜻이다.

샤덴프로이데는 개인 사이에서뿐만 아니라 국가, 민족, 정당 등 집단 사이에도 존재한다. 사회심리학자인 영국 카디프대 러셀 스페어스와 미국 코네티컷대 콜린 리치는 독재자나 테러리스트가 집단의 샤덴프로이데를 이용해 목적을 달성한다고 분석했다. 2008년 출간된 『왜 이웃이 죽이는가 Why Neighbors Kill』에 실린 글에서 나치스의 유대인 대학살(홀로코스트)에는 독일인의 샤덴프로이데가 은근히 작용했다고 주장했다. 이를테면 일부 독일인은 유대인이 고통 받는 것을 보고 은밀하게 만족감을 느꼈기 때문에 홀로코스트의 만행이 가능했다는 것이다.

샤덴프로이데는 선거에도 영향을 미치는 것으로 밝혀졌다. 미국 켄터키대 사회심리학자 리처드 스미스는 2004년 대선, 2006년 중간선거, 2008년 대선 동안 선거 쟁점에 대한 대학생들의 반응을 분석했다. 가령 경기 불황과 해외 주둔 병사의 죽음 등 민감한 문제에 관한 설문조사 결과 민주당원으로 확인된 학생들은 샤덴프로이데를 경험한 것으로 밝혀졌다. 2009년 『실험사회심리학 저널(JESP)』 7월호에 발표된 논문에서 국가적 불행임에도 불구하고 집권 세력인 공화당에 불리한 사안이면 선거에서 민주당에 유리할 터이므로 경제가 어려워지든 이라크에서 미군이 전사하든 크게 개의할 일은 아니지 않느냐는 반응이 나타났다고 보고했다.

샤덴프로이데는 뇌 안에서 맛있는 음식을 먹을 때 느끼는 만족감 비슷한 즐거움으로 받아들여진다. 일본 신경과학자 타카하시 히데히코는 샤덴프로이데를 느끼는 순간 뇌의 반응을 연구했다. 성인 19명에게 가상 인물들의 성공과 실패에 얽힌 이야기를 들려주고 느낌을 기록하는 동안 기능성 자기공명영상 장치로 그들의 뇌를 들여다보았다. 2009년 『사이언스』 2월 13일 자에 실린 논문에서 샤덴프로이데를 느낄 때 선조체(striatum)가 활성화되었다고 보고했다. 뇌 중심부에 자리 잡은 줄무늬 모양의 선조체는 음식, 섹스, 돈, 사회적 지위 등 보상으

로 여겨지는 거의 모든 것을 식별하고 탐지하는 기능을 갖고 있다.

샤덴프로이데가 인간의 본성으로 진화된 이유는 한두 가지가 아닐 것이다. 생존경쟁에서 살아남으려면 상대를 거꾸러뜨려야 했기 때문에 타인의 불행을 보고 기쁨을 느끼는 본성이 진화될 수밖에 없었을 터이다. 샤덴프로이데는 삶이 제로섬(zero-sum) 게임임을 여실히 보여 준다. 한쪽의 득점이 항상 다른 쪽의 실점이 되는 제로섬 승부처럼 각박한 삶을 사는 사람들에게 샤덴프로이데는 훌륭한 위안이 되고 남았을 것이다. 우리는 잘나가는 사람들이 추락하는 모습을 보면서 기분 좋아한 적이 어디 한두 번이었던가. 그렇지 않은가? (2010년 12월 18일)

인간이 미래를 볼 수 있을까

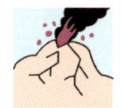

　개구리가 논에서 유난히 시끄럽게 울면 농부들은 큰비가 내릴 것에 대비한다. 개구리의 몸이 대기의 습도 변화에 민감하기 때문에 기상청보다 정확하게 일기예보를 할 수 있다. 생물 중에는 개구리 못지않게 훌륭한 일기 예보관이 수두룩하다. 예컨대 종달새가 저공비행 하면 날씨가 나빠지고 하늘 높이 비상할 때에는 날이 맑아진다. 해파리는 폭풍우가 올 것을 몇 시간 전에 미리 알고 해안의 안전한 곳으로 서둘러 이동한다. 아침부터 나팔꽃이 피지 않으면 그날은 비가 오거나 흐린 하루가 된다. 사람이 기상을 예측하는 능력을 타고났다면 자연의 재난으로부터 인명과 재산의 피해를 크게 줄일 수 있었을 터이다. 그러나 인간은 인공위성과 슈퍼컴퓨터를 동원해도 번번이 엉터리 일기예보를 하기 일쑤이다.

사람에게는 정녕 미래의 사건을 인지하는 능력이 없는 것일까? 심령 현상을 연구하는 초심리학(parapsychology)에서는 초감각적 지각, 곧 오감을 사용하지 않고 정보를 얻는 능력의 하나로 예지(precognition)의 존재를 확신한다. 예지는 미래의 사건에 관한 정보를 사전에 인지하는 능력이다. 예지로 알게 되는 사건은 대부분 죽음, 질병, 사고처럼 불행한 일이며 배우자, 가족, 친구 등 정서적으로 가까운 사람들에 관한 것들이다. 예지와 비슷한 심령 능력으로 예감(premonition)이 있다. 예지와 예감의 차이는 뚜렷하지 않지만, 예지가 특정 사건을 미리 인지하는 능력이라면 예감은 미지의 사건이 발생할지 모른다고 어렴풋이 생각하거나 느끼는 능력이다. 이를테면 예감은 불길한 사건이 발생하기 전에 미리 알려 주는 조기 경보의 성격이 짙은 능력이다.

1912년 4월 첫 항해 도중에 빙산과 충돌해 침몰한 타이타닉호의 경우 승객 2,207명 중 1,502명이 죽었는데, 일부 승객의 운명이 예감에 의해 엇갈린 것으로 드러났다. 출항 전에 갑자기 예약을 취소한 사람들이 많아 탑승객은 58퍼센트에 머물렀다. 배가 난파되는 악몽을 꾸거나 찜찜한 기분이 들어서 예약을 취소한 승객이 적지 않았기 때문이다. 1966년 10월 영국의 한 탄광 마을에서는 학교가 매몰되어 116명의 아이와 28명의 어른이 죽는 대참사가 발생했다. 그러나 사건 발생 2주 전에 적어도 200여 명의 주민이 재난을 예감하여 목숨을 건진 것으로 확인되었다. 이 사건을 계기로 재난을 미연에 방지하기 위해 조기 경보를 수집하는 기관이 설립되기도 했다.

　인간의 예지 및 예감 능력은 현대 과학 이론으로 그 존재가 설명될 수 없는 심령 현상이다. 심령 현상을 연구하는 초심리학은 사이비 과학으로 치부된다. 그런데 예지의 존재를 과학적으로 입증했다고 주장하는 최초의 논문이 공개되어 주목을 받았다. 미국 코넬대 심리학자 대릴 벰은 8년간 1,000명의 대학생이 참여한 아홉 가지 실험 결과를 '미래를 느낀다 Feeling the Future'는 제목의 논문으로 내놓았다. 이 실험 결과는 인간이 미래를 볼 수 있다는 과학적 증거를 처음으로 제시한 셈이다. 2011년 학문적 권위를 자랑하는 『인성과 사회심리학 저널(JPSP)』 1월호에 게재될 예정이어서 심령 현상에 대한 논쟁이 격렬하게 달아오를 전망이다. (2010년 12월 25일)

이인식의 멋진과학 183

긍정적 정서의 힘

　새해를 맞아 가까운 사람끼리 주고받는 최고의 선물은 일 년 365일 행복한 나날이길 빌어 주는 덕담일 것이다. 행복은 심리학에서 '심신의 욕구가 충족되어 조금도 부족감이 없는 상태'를 뜻한다. 행복한 사람은 자신의 삶에 항상 만족할 줄 안다. 행복을 느낄 때는 즐거움, 사랑, 희망, 감사와 같은 긍정적 정서를 함께 맛보게 마련이다.
　분노나 공포 따위의 부정적 정서처럼 긍정적 정서 역시 인류의 생존에 보탬이 되기 때문에 진화된 것이다. 가령 분노는 적과 싸울 준비를 하게 만들고, 공포는 위험으로부터 도피하도록 하기 때문에 생존에 이득이 된다. 이런 맥락에서 행복과 같은 긍정적 정서가 진화된 이유를 설득력 있게 제시한 가설로는 '확장 및 구축(broaden-and-build) 이론'이 손꼽힌다.

1998년 미국 노스캐롤라이나대 긍정심리학자 바버라 프레드릭슨은 긍정적인 정서가 인지능력을 확장시키고 사회적 관계를 구축하는 데 크게 기여한다고 주장했다. 확장 및 구축 이론은 여러 차례 실험에 의해 입증되었다. 기분이 좋아지면 뇌가 더 많은 정보를 얻게 되므로 세상을 바라보는 사고의 폭이 확장되는 것으로 밝혀졌고, 창의성과 문제해결 능력이 개선된다는 실험 결과도 나왔다. 또한 프레드릭슨은 일시적인 긍정적 정서로 인해 인지능력이 확장되면 오랫동안 긍정적인 마음의 상태가 구축되는 것을 밝혀냈다. 2001년 9·11 테러를 겪은 대학생 중에서 평소에 긍정적 정서를 가진 쪽이 그렇지 않은 쪽보다 정신적 고통을 비교적 적게 느낀 것으로 나타났다. 2003년 『인성과 사회심리학 저널(JPSP)』 2월호에 실린 논문에서 늘 적극적인 마음가짐을 가진 사람이 어려운 시기를 잘 견뎌 낸다는 사실은 확장 및 구축 이론과 맞아떨어진다고 주장했다.

이어서 프레드릭슨은 긍정적 정서가 타인과의 관계 형성에 좋은 영향을 미친다는 실험 결과를 발표했다. 성인 여러 명에게 7주 동안 날마다 몇 분씩 명상을 하면서 그들이 사랑하는 사람들은 물론 별로 가깝게 느끼지 않는 사람들조차 긍정적으로 생각하도록 했다. 결과는 기쁨, 희망, 감사, 긍지, 관심 같은 긍정적 정서에 대한 반응이 크게 높아진 것으로 나타났다. 2008년 『인성과 사회심리학 저널』 11월호에 발표한 연구 결과에서 명상을 통해 일시적인 긍정적 정서가 뇌 안에서 장기간 지속되는 변화를 유발했기 때문에 가깝지 않게 여긴 사람들에

게도 호감을 갖게 된 것이라고 설명했다. 요컨대 행복과 같은 긍정적 정서는 타인과의 관계를 더욱 원활하게 구축해 준다는 것이다.

2009년 1월 펴낸 『적극성Positivity』에서 프레드릭슨은 즐거움, 감사, 희망, 자긍심, 관심 등 긍정적 정서 열 가지를 열거하고, 긍정적 정서와 부정적 정서의 비율이 3대 1일 때가 행복과 불행의 갈림길이라고 주장했다. 이 비율보다 높으면 만족스러운 삶을 살게 되지만 그 이하이면 무기력한 생활을 하게 된다는 뜻이다. 물론 이 비율이 5대 1 정도로 높으면 더 행복한 삶을 영위할 수 있을 테지만 반드시 바람직한 것만은 아니라는 반론도 제기된다. 긍정적 정서가 지나치면 경솔하게 행동할 가능성도 크다는 것이다. 삶의 만족도가 10점 만점이라면 7~8점 정도 행복을 누리는 게 알맞다는 뜻이다. (2011년 1월 8일)

이인식의 멋진과학 184

불로장생으로 가는 세 개의 다리

2045년이 되면 누구나 영생불멸을 누릴 수 있다는 주장에 귀가 솔깃해지지 않을 사람은 드물 것이다. 더욱이 발명가로서 혁신적인 업적을 내고 미래학자로서 세계적 명성을 얻은 레이 커즈와일의 예측인 터라 화제가 될 만하다.

1948년 유대인 집안에서 태어난 커즈와일은 미국 발명가 명예의 전당에 등재되어 있으며 2005년 9월 펴낸 『특이점이 다가온다 The Singularity is Near』는 세계 언론의 주목을 받았다. 특이점은 인간을 초월하는 기계가 출현하는 미래의 어느 시점을 가리킨다.

22세 때 커즈와일은 아버지가 심장마비로 58세에 세상을 떠나자 죽음의 비극을 실감하고, 35세부터 당뇨병에 시달리면서 인간의 생물학적 한계를 극복하는 방법에 관심을 갖게 된다.

2010년 영국 주간 『뉴 사이언티스트』 12월 25일 자에 실린 인터뷰 기사에서 인류는 세 개의 다리(Bridge)를 건너면 불로장생을 누리게 된다고 주장했다.

첫 번째 다리는 생물학의 연구 결과를 활용한 양생법으로 노화를 늦추는 단계이다. 가령 음식을 적게 먹고 적절한 운동을 하며 잠을 충분히 자면 장수할 수 있다는 것이다. 커즈와일은 몸 안의 독소를 제거하기 위해 날마다 알칼리 물을 10잔 마시고, 비타민은 일주일마다 정맥주사로 보충한다고 밝혔다.

영생불멸로 가는 두 번째 다리는 생명공학기술의 발전에 따라 유전자 또는 세포 수준에서 인간의 건강을 향상시키는 단계이다. 우선 유전자 치료(gene therapy)가 인류를 질병의 공포로부터 해방시켜 준다. 유

전자의 이상으로 생긴 질병을 고치기 위해 세포 안으로 정상적인 유전자를 집어넣는 의료 기술을 유전자 치료라 한다. 조직공학(tissue engineering) 역시 건강 증진에 크게 기여한다. 조직공학은 사람의 살아 있는 세포를 사용하여 인체 조직이나 기관을 만들기 때문에 피부와 연골 같은 단순한 조직부터 간, 콩팥, 심장 같은 복잡한 기관까지 새로운 것으로 교체할 수 있다. 커즈와일은 2030년 전후로 노화의 시곗바늘을 되돌려 회춘하게 될 것이라고 전망한다.

마지막으로 세 번째 다리는 나노기술에 의해 인간의 생물학적 한계가 완벽하게 극복되는 단계이다. 핏속을 돌아다니는 나노로봇은 바이러스를 만나면 즉시 격멸할 뿐만 아니라 뇌의 모세혈관 안에서 신경세포와 상호 작용하여 인간의 지능을 향상시킨다. 결국 인간의 마음이 일종의 컴퓨터 프로그램처럼 조작이 가능해짐에 따라 기계 속으로 옮겨질 수 있다. 사람의 마음을 기계로 이식하는 과정은 '마음 업로딩'(mind uploading)이라 한다. 사람의 마음을 기계 속으로 옮기면 사람이 말 그대로 로봇으로 바뀌게 된다. 로봇 안에서 사람 마음은 늙지도 죽지도 않는다. 마음이 사멸하지 않는 사람은 영원히 살게 되는 셈이다. 커즈와일은 2045년 전후로 마음 업로딩이 실현될 것이라고 확신한다.

커즈와일의 아이디어는 영화로도 소개되었다. 2009년 5월 개봉된 「초월적 인간」에서 2045년 특이점이 올 것으로 예측한 커즈와일은 사람보다 영리한 기계 속으로 마음이 업로딩 되면 인류는 영생을 누리게 된다고 주장했다. 그가 창설한 미래 기술 교육기관인 '특이점 대학'이 올 하반기 서울에 진출할 것으로 알려졌다. (2011년 1월 15일)

이인식의 멋진과학 185
뇌지도 완성할 수 있을까

사람의 뇌에서 정보처리는 신경세포(뉴런)에 의해 이루어진다. 무게가 평균 1,350그램인 뇌 안에는 1000억 개의 뉴런이 들어 있고, 이들은 각각 수천 개의 뉴런과 접속되어 있다. 뉴런 사이의 연결은 100조 개 이상으로 여겨진다.

뇌 구조를 지도로 표시하는 것은 과학자들의 꿈이다. 첫 번째 시도는 19세기 초 등장한 골상학이다. 골상학자들은 두개골 생김새가 상응하는 뇌 조직의 발달 정도를 반영한다고 생각하고, 죄수 또는 정신병자의 두개골을 분석하여 마음의 기능에 따라 위치를 나타낸 지도를 작성했다.

20세기 후반부터는 의학 영상 기술의 획기적인 발전으로 뇌지도 제작이 한결 수월해졌다. 컴퓨터 기술의 도움으로 뇌의 내부를 간접적으로 들여다볼 수 있게 됨에 따라 마음의 활동과 관련된 뇌의 영상을 찾아내서 지도를 만들게 된 것이다. 하지만 뇌 영상 기술로 세포 수준의 연결 상태를 파악하여 지도를 그려 내는 것은 불가능하다.

2005년 뉴런의 연결망을 지도로 표현하는 새로운 분야가 출현했다. 뇌신경 연결 지도는 커넥텀(connectome)이라 명명하고, 커넥텀을 작성하고 분석하는 분야는 커넥터믹스(connectomics)라 불렀다. 2009년 7월 5개년 계획으로 인간 커넥텀 프로젝트(HCP)가 시작되었다. 2010년 9월 미국 국립위생연구소(NIH)는 프로젝트에 참여한 워싱턴대에 3000만 달러, 하버드대에 850만 달러를 후원했다.

커넥터믹스는 재미 과학자 세바스찬 승(한국명 승현준)에 의해 널리 알려졌다. 그는 1967년생으로 하버드대를 졸업하고 매사추세츠대 공대 교수로 있으며 2008년 호암상을 받기도 했다. 이론물리학을 전공했지만 계산신경과학에도 조예가 깊어 커넥터믹스의 핵심 인물이 된 것이다. 2010년 9월 테드(TED) 컨퍼런스에서 '나는 나의 커넥텀이다 I am my connectome'란 제목의 연설로 일약 유명 인사가 되었다. 비영리 기업인 테드는 기술(T)·오락(E)·디자인(D) 분야 전문가의 강연을 동영상으로 보여 준다. 6월 출간될 『커넥텀』이라는 저서의 초벌 원고에서 "커넥터믹스는 게노믹스(유전체학)가 생물학에 중요한 만큼 신경과학에 중요할 것"이며 커넥텀이 완성되면 "인간의 기억이 뉴런 사이의 연결망 안에 저장된다는 놀라운 사실이 확인될 것"이라고 전망했다.

2010년 「뉴욕 타임스」 12월 27일 자에 따르면 인간 커넥텀 프로젝트가 넘어야 할 고비가 만만치 않을 것 같다. 하버드대 분자생물학자

제프 리츠트먼은 뉴런이 1억 개인 생쥐 뇌의 커넥텀을 작성하는 수준이라고 밝혔기 때문이다. 사람 뇌의 1000억 개 뉴런과는 비교가 되지 않는다. 먼저 생쥐를 마취시키고 뇌를 여러 개 조각으로 썰어 낸 다음 미세한 조각을 전자현미경으로 들여다보면서 마치 스파게티 국수 가락처럼 얽혀 있는 뉴런의 연결 상태를 상세한 지도로 표시하는 것으로 알려졌다. 생쥐의 커넥텀을 저장하는 데 1페타(10의 15승)바이트의 컴퓨터 기억 용량이 필요한 것으로 밝혀져 사람의 커넥텀에는 100만 페타바이트라는 가공할 저장용량이 요구될 것으로 짐작된다. 따라서 여러 기술적 문제로 사람의 커넥텀을 완벽하게 만드는 것은 불가능하다는 비판도 제기된다. 어쨌거나 커넥터믹스가 성공하기를 바랄 따름이다. (2011년 1월 22일)

외계 문명이 보내는 메시지

  1960년 봄. 미국 천문학자 프랭크 드레이크는 30살 젊은이의 패기로 역사상 처음 지능을 가진 외계 생명체, 이른바 ETI를 탐색하는 모험에 나섰다. 그는 멀리 떨어진 세계와 교신할 때 가장 효과적인 수단이 전파이므로 만일 ETI가 존재한다면 그들도 틀림없이 전파를 사용하여 다른 문명 세계와 접촉을 시도할 것이라고 생각했다. 따라서 우주공간에서 가장 보편적인 전파의 주파수로 태양과 비슷한 두 개의 별을 관측했다. 이를 계기로 외계인을 과학적으로 탐사하는 세티(SETI)가 출현했다.

  2010년 봄. 드레이크는 50년 전 우주에서 오는 전파의 포착을 시도했던 장소를 방문했다. 그곳에는 거대한 접시안테나가 설치되어 있다.

SETI 50주년을 기념하는 자리에서 드레이크는 격세지감을 토로했다. 1960년 외계인 관측 작업에 2개월이 소요된 반면 2010년 동일한 실험을 하는 데 1시간밖에 걸리지 않았기 때문이다. 50년간 컴퓨터의 정보처리 성능이 비약적으로 발전한 덕분이다. 드레이크는 이런 추세로 컴퓨터 성능이 향상된다면 20~30년 이내에 외계인이 보내는 전파를 탐지하게 될 것이라고 주장했다.

드레이크에 따르면 우리가 사는 은하에는 약 2000억 개의 별이 있고 다른 별과 교신할 만큼 지능을 가진 생물체가 사는 문명 세계는 1만 개에 이른다. 하지만 SETI 과학자들은 거대한 안테나 앞에 앉아서 외계인의 메시지를 하염없이 기다리고 있을 따름이다. 외계인의 '오랜 무소식'(Great Silence)의 시간이 길어지는 만큼 외계 문명의 존재는 더욱

가능성이 없는 것처럼 여겨지고 있다. 이런 상황에서 SETI 지지자들은 외계인의 전갈을 무작정 기다릴 것이 아니라 우리 쪽에서 적극적으로 신호를 보내야 한다고 주장한다. 물론 한두 번 그런 시도를 해 보지 않은 것은 아니다. 1974년 지구로부터 2만 5,000광년의 거리에 있는 별들을 향해 169초 동안 전신문을 발사했고, 1977년 우주 탐사선에 파도 소리, 도시의 소음, 아기 울음소리, 베토벤의 「운명 교향곡」 등이 녹음된 레코드판 등 이른바 지구의 소리를 실어 보내기도 했다.

2010년 봄 영국 케임브리지대 천문학자 스티븐 호킹은 외계에 무엇이 있는지 모르면서 메시지를 보내는 것은 위험하다고 주장하고 "외계인이 지구를 방문한다면 콜럼버스가 신대륙에 상륙한 뒤 인디언이 피해를 입었던 것처럼 인류도 비슷한 처지가 될 것"이라고 말했다.

드레이크나 호킹의 예측이 적중한다면 인류는 머지않은 장래에 외계 문명과 맞닥뜨리게 될지 모른다. 이런 맥락에서 미국 과학 저술가 팀 폴저는 『사이언티픽 아메리칸』 1월호에 기고한 글에서 외계인의 신호를 받게 되는 순간에 인류가 직면할 여러 상황에 대해 다양한 시나리오를 전개했다. 이 글을 읽고 놀라지 않은 독자가 없을 줄로 안다. 흥미 위주의 잡지에나 실릴 법한 외계인 이야기가 세계적 권위를 자랑하는 과학 전문지에 버젓이 게재되었기 때문이다. 이 글은 "언젠가 우주에 우리만 있는 게 아닌 것을 알게 될지 모른다."고 끝맺고 있다. 외계인이 존재한다고 상상만 해도 온몸이 떨려 오는 전율을 어째 볼 수 없는 것 같다. (2011년 1월 29일)

이인식의 멋진과학 187

용기 유전자는 존재하는가

화재 현장에서 소방관들은 불길에 갇힌 사람을 구하기 위해 위험을 무릅쓰고 화염 속으로 뛰어든다. 전쟁터에서 병사들은 조국을 지키기 위해 목숨을 걸고 총알받이로 나선다. 한때 독재 정권에 항거하다 감옥살이를 한 지식인도 적지 않았고, 맨손으로 강도를 붙잡아 표창장을 받은 시민도 한둘이 아니다. 이들은 공동체를 위해 자신을 돌보지 않고 용기를 내서 행동한 사람들이다.

용기는 인간의 위대한 덕목으로 여겨져 왔지만 과학적으로 연구되기 시작한 것은 오래되지 않았다. 1970년대에 캐나다 브리티시컬럼비아대 심리학자 스탠리 래치먼은 낙하산 부대 병사들을 대상으로 용기의 본질을 규명했다. 낙하산병이 처음으로 하늘에서 뛰어내릴 때 생리적 반응을 분석한 결과 세 집단으로 나뉘었다. 첫 번째는 불가사의하게 공포를 느끼지 않는 병사들이다. 심장박동이나 혈압에 거의 변화가 나타나지 않았으며 주저 없이 낙하했다. 두 번째는 겁에 질려 뛰어내리지 못한 병사들이다. 세 번째는 두 번째 집단처럼 공포를 느꼈지만 첫 번째 집단처럼 두려움 없이 낙하를 감행한 병사들이다. 래치먼은 세 번째 집단을 용기 있는 병사라고 간주하고, 용기를 '공포를 체험함에도 불구하고 행동에 옮기는 것'이라고 정의 내렸다.

네덜란드 심리학자 피터 머리스는 8~13살 어린이 320명을 면담하여 아이들 스스로 어떤 행동을 했을 때 용감하다고 느끼는지 조사했다. 면담 아동의 70퍼센트 이상은 한 번 이상 용감한 행동을 했다고 주장하면서 수영장에 빠진 동생을 구해 주거나 어두운 밤에 화장실에 혼자 간 것을 예로 들었다. 심지어 어머니의 지갑에서 돈을 훔친 것도 용감한 행위라고 여기는 아이들이 있었다. 2010년 『아동정신의학 및 인간 발달Child Psychiatry and Human Development』 4월호에 실린 연구 결과에서 아이들 또한 심장이 두근거리는 공포를 이겨 내는 것을 용기 있는 행동으로 생각한다고 밝혔다.

이스라엘 신경생물학자 야딘 듀다이는 뱀을 보면 겁에 질리는 증상을 나타내는 사람들의 뇌를 주사(스캔)했다. 2010년 격주간 『뉴런Neuron』 6월 24일 자에 실린 논문에서 뱀 공포증을 가진 사람들은 뱀을 보면 전두대상피질(ACC)이 먼저 활성화되고 편도체에 신호가 전달된다고 보고했다. 뇌 앞부분에 위치한 전두대상피질은 인지와 정서, 계산과 충동 사이에서 중심을 잡는 기능을 하며 측두엽 깊은 곳에 자

리 잡은 편도체는 공포를 관장하는 부위이다.

 미국 아이오와대 신경심리학자 저스틴 파인슈타인은 나이 들어 유전자에 결함이 나타나 편도체 기능이 파괴된 중년 여성의 행동을 연구했다. 그녀는 뱀이나 거미를 보면 무서움을 느낀다고 주장했으나 실험 결과는 다르게 나타났다. 뱀을 보고 겁을 내기는커녕 가까이 다가가서 만져 보려고 했으며 귀신이 나온다는 집에 가서도 놀라기는커녕 웃음을 터뜨렸다. 2010년 격주간 『시사 생물학Current Biology』 12월 16일 자에 실린 논문에서 사람이 공포감을 전혀 느끼지 않을 수도 있다고 보고했다. 미국 과학 저술가 나탈리 앤지어는 「뉴욕 타임스」 1월 3일 자 칼럼에서 "이 여자처럼 겁 없는 사람이 100만 명만 살아도 세상은 난장판이 될 것"이라고 썼다. (2011년 2월 6일)

명상은 의사결정 속도 높인다

신체를 이완시키고 마음을 가라앉히는 자기 수련 기법으로는 명상이 손꼽힌다. 명상 수행은 한때 동양의 신비주의로 폄하되었지만 서양의 현대 과학에 의해 인체에 미치는 긍정적 효과가 대단한 것으로 확인되고 있다. 1967년 하버드 의대 허버트 벤슨은 초월 명상 수행자들의 신체에서 생리적 변화가 발생한다는 놀라운 사실을 밝혀냈다. 이를 계기로 명상이 인지, 정서, 건강, 행동에 미치는 영향을 과학적으로 검증하는 연구가 활발히 추진되었다.

명상 수행법은 한두 가지가 아니지만 과학자의 관심을 끄는 것은 두 종류이다. 하나는 주의 집중 명상(focused attention meditation)이다. 좌선하는 자세로 눈을 감고 호흡에 집중하여 온갖 상념과 근심을 떨쳐

버린다. 다른 하나는 지각 명상(mindfulness meditation)이다. 주의 집중 명상이 호흡에 집중하고 잡념을 무시하려는 데 비해 지각 명상은 떠오르는 모든 생각이나 느낌을 배척하지 않고 주의를 기울인다.

2007년 미국 캘리포니아대 신경과학자 클리퍼드 새런은 하루에 5시간 이상 3개월 동안 주의 집중 명상을 하는 60명을 대상으로 인지와 정서 기능에 나타나는 변화를 관찰했다. 2010년 『심리과학』 6월호에 발표된 첫 번째 연구 결과에서 명상이 인지능력에 상당한 영향을 미친다고 보고했다. 우선 집중력과 기억력을 향상시키고 일상생활에서 학습 또는 의사결정 하는 속도를 끌어올리는 것으로 나타났다.

새런은 두 번째 연구 논문에서 명상이 정서 기능에도 긍정적 효과가 있는 것으로 확인되었다고 보고했다. 명상을 하면 매사에 걱정을 덜 하게 되고 감정을 잘 다스릴 수 있게 된다. 정서적으로 덜 민감해지기 때문에 스트레스를 잘 견뎌 낼 수 있다는 것이다.

새런의 세 번째 연구 주제는 명상이 건강에 미치는 영향이다. 규칙적으로 명상을 하면 세포 노화를 억제하는 효소인 텔로머라제(telomerase)의 활동이 상당히 증대하는 것을 밝혀냈다. 만성적인 통증을 완화하고, 이상식욕 항진증(eating disorder)이나 건선(마른버짐) 치료에 보탬이 되며, 우울증에도 특효가 있는 것으로 확인되었다.

명상 수행은 대인 관계 등 사회적 활동에도 긍정적 효과가 적지 않은 것으로 밝혀졌다. 기능성 자기공명영상 장치로 뇌를 들여다본 결과 명상 수행을 오래한 사람일수록 감정이입이나 동정심에 관련된 부위인 섬피질과 전두대상피질(ACC)이 활성화되는 것으로 나타났다. 요컨

대 명상은 타인의 감정을 배려하면서 행동할 줄 아는 능력을 길러 준다. 이런 맥락에서 2009년 뇌 안에서 감정이입과 동정심의 뿌리를 찾기 위해 미국 스탠퍼드대에 설립된 연구소에 주목할 필요가 있다. 영국 주간 『뉴 사이언티스트』 1월 8일 자에 따르면 티베트 지도자인 달라이 라마도 설립 기금을 낸 이 연구소의 목적은 어떤 형태의 명상 수행이 이타적 사랑을 베푸는 능력을 향상시키는지 알아내서 명상 기법으로 따뜻한 가슴을 가진 시민을 양성하는 데 있다.

  명상 수행은 누구나 언제 어느 곳에서든지 할 수 있다. 명상이 몸과 마음을 건강하게 만들고 사회생활에도 도움이 된다면 당장 관심을 갖지 못할 이유가 없지 않은가. (2011년 2월 12일)

이인식의 멋진과학 189

머리가 좋아지는 음식물

　머리가 좋아지는 음식은 한두 가지가 아니지만 플라보노이드(flavonoid)라고 불리는 화합물이 함유된 식품이 특효가 있다는 연구 결과가 잇따라 발표되고 있다. 6,000가지 이상이 확인된 플라보노이드는 블루베리, 두유 같은 콩 식품, 야채, 차·코코아·초콜릿·포도주 같은 음료에 특별히 많이 들어 있다.
　플라보노이드는 원래 세포 손상을 막는 기능이 뛰어난 물질로 알려져 있다. 인체가 에너지를 사용할 때는 자동차가 휘발유를 연소하면서 내놓는 매연처럼 유독 물질이 나온다. 이 물질은 자동차의 쇠를 산화시켜 갉아먹는 녹처럼 단백질을 산화시켜 세포를 손상시킨다. 플라보노이드는 강력한 산화 방지 능력을 보유하고 있으므로 몸은 물론 뇌가 에너지를 사용할 때 나오는 유독 물질로부터 세포가 손상되는 것을 막아 준다.

1990년대 중반부터 플라보노이드가 뇌 안에서 산화방지제 역할을 할 뿐 아니라 인지 기능도 향상시키는 것으로 밝혀졌다. 미국 화학자 로널드 프라이어는 19개월짜리 쥐에게 8주 동안 블루베리, 딸기, 시금치의 성분이 함유된 특별 음식을 먹인 뒤에 보통 음식을 섭취한 쥐와 학습 및 운동 능력을 비교 평가했다. 결과는 특별 음식물을 먹은 쥐가 능력이 더 뛰어난 것으로 나타났다. 이를 계기로 플라보노이드가 듬뿍 든 과실이나 채소가 사람의 뇌 기능도 향상시킬 수 있을 것으로 여겨졌다.

　프랑스 유전병학자 럭 레테뉴어는 건강한 노인 1,640명을 대상으로 10년 동안 식사 습관을 연구했다. 플라보노이드 섭취량과 인지 기능의 상관관계를 분석한 결과, 섭취량이 많은 노인일수록 문제를 풀거나 단어를 암기하는 능력이 좋은 것으로 나타났다. 2007년 발표된 논문에서는 날마다 블루베리 15알 또는 오렌지 주스 4분의 1컵을 먹은 노인들이 평가에서 최고 점수를 획득했다고 보고했다.

　노르웨이 오슬로대 영양학자 에하 너크는 70대 초반의 2,000명에게 식사 빈도수를 질문하고 과거의 사건을 기억하거나 사물의 이름을 대는 인지능력을 측정했다. 2009년 발표된 보고서에 따르면 플라보노이드가 많은 포도주, 차, 초콜릿을 주기적으로 섭취한 노인은 가끔 먹는 노인보다 인지능력이 좋은 것으로 밝혀졌다. 가령 포도주를 규칙적으로 마시는 사람은 인지 기능이 악화될 위험도가 45퍼센트 줄어들었다. 특히 포도주, 차, 초콜릿을 함께 주기적으로 섭취하면 인지 기능이 나빠질 확률이 70퍼센트까지 감소했다.

　플라보노이드 섭취가 뇌 기능을 향상시키는 것으로 확인됨에 따라

사람의 음식에 플라보노이드를 첨가하는 연구도 진행되었다. 2009년 영국 레딩대 영양학자 애나 매크레디는 식사를 하면서 하루에 두유 2.5잔이나 은행 120밀리그램(1~2캡슐)을 함께 섭취하면 머리를 좋게 할 수 있다고 보고했다. 2010년 미국 신시내티대 정신의학자 로버트 크리커리언은 75살 이상 노인에게 12주 동안 날마다 블루베리 즙 5잔을 마시게 하고 기억력을 측정한 결과 그렇지 않은 사람보다 기억 능력이 30퍼센트 더 좋게 나왔다는 보고서를 발표했다.

격월간 『사이언티픽 아메리칸 마인드』 1~2월호에 따르면 미국 농무부 권고대로 날마다 과실 두 잔과 야채 2.5잔을 먹으면 머리가 좋아질 뿐만 아니라 나이 들어 기억력이 감퇴하는 속도도 늦출 수 있다.

(2011년 2월 19일)

이인식의 멋진과학 190
게놈 지도 10년의 허와 실

2000년 6월 26일 빌 클린턴 미국 대통령은 인간 게놈 지도의 초안이 완성되었음을 발표하면서 이 역사적인 순간에 "오늘 우리는 신이 인간의 생명을 창조하면서 사용한 언어를 배우기 시작하였다."고 말했다. 게놈(유전체)은 한 생물체가 지닌 모든 유전정보의 집합체를 뜻한다. 유전정보가 배열된 위치를 나타낸 것이 유전자 지도이다.

1990년 미국을 비롯한 18개국은 유전자 지도를 작성하기 위해 15년간 30억 달러를 투입하는 인간게놈프로젝트(HGP)를 시작했다. 그리고 계획보다 빨리 2000년 6월 90퍼센트 이상의 유전자를 해독한 게놈 지도 초안이 발표된 것이다. 이어서 2001년 2월 12일 경쟁 관계인 HGP 연구진과 미국 생명공학 회사인 셀레라 제노믹스는 공동 기자회견을 열고 99퍼센트 완성된 게놈 지도를 공개했다. HGP 연구진은 『네이처』 15일 자, 셀레라는 『사이언스』 16일 자에 각각 게놈 해독 내용을 게재했다. 유전자 수는 당초 예상된 10만 개와 달리 HGP 연구진은 3만~4만 개, 셀레라는 2만 6,000~3만 9,000개라고 밝혔다. 2004년 HGP 연구진은 『네이처』 10월 21일 자에 100퍼센트 완성된 게놈 지도를 발표했다. 유전자 수가 2만~2만 5,000개에 불과하여 초파리(1만 3,600개)나 예쁜꼬마선충(1만 9,500개) 따위의 벌레와 큰 차이가 없는 것으로 나타났다.

인체의 유전자 지도가 완성됨에 따라 생명의 설계도가 조물주로부터 사람의 손으로 넘겨진 셈이다. 유전자 지도를 통해 각종 생명현상을 이해할 수 있으므로 질병과 노화가 일어나는 이유를 알게 된다. 게놈에서 일어나는 변이는 당뇨병, 암, 심장질환 등 최소 1,500여 가지 질병과 관련이 있는 것으로 추정된다. 따라서 유전자의 이상 유무를 사전에 검사하여 개인이 어떤 질환에 걸릴 위험이 있는지 알아낼 수 있다. 유전자 검사로 개인이 지닌 질병 유전자를 확인할 수 있게 됨에 따라 누구나 맞춤 치료를 하고 출생 시에 앞으로 걸릴 확률이 높은 질환을 예상해 이를 예방할 수 있게 된다. 이를테면 21세기 의학의 패러다임은 치료 중심에서 예방 위주로 바뀔 전망이다.

이런 전망이 실현되려면 '스핑크스의 침묵'을 서둘러 종식시켜야 한다. 유전자 지도가 완성된 뒤 게놈 전체 기능의 수수께끼가 밝혀질 때까지의 기간을 '스핑크스의 침묵'이라 일컫는다. 요컨대 스핑크스의 입을 열게 하면 인간의 생로병사에 대한 비밀을 밝혀낼 수 있다. 스핑크

스가 침묵을 끝내면 인류는 질병과 노화의 굴레로부터 벗어나 불로장생하는 꿈도 꿀 수 있다. 심지어 유전자를 조작하여 지능, 외모, 건강을 개량하는 유전자가 보강된 주문형 아기, 곧 맞춤아기도 생산 가능하다는 주장이 제기되고 있다.

하지만 2010년까지 개인의 유전적 특성에 적합한 맞춤식 치료가 실현될 것이라는 HGP 연구진의 약속은 공수표가 되었다. 지난 10일 자 『네이처』는 2001년 2월 게놈 지도 발표 10주년을 기념하는 특집 기사에서 지난 10년은 기초연구 단계였으며 향후 10년 안에 누구나 맞춤 의학의 혜택을 누리게 될 것이라고 전망했다. 인간 게놈 연구는 아직 혁명도 기적도 일으키지 못했지만 머지않아 대박을 터뜨릴 것임에 틀림없다. (2011년 2월 26일)

이인식의 멋진과학 191

누구나 흡혈귀가 될 수 있다

서양에서 흡혈귀만큼 잠들지 않는 전설도 드물다. 1993년 프랑스 영문학자 장 마리니가 펴낸 『흡혈귀』를 보면 흡혈귀는 사람이 죽은 뒤에 원래의 육체 안으로 돌아와 살고 있는 영혼을 뜻한다.

흡혈귀의 첫 무대는 영국이다. 1196년 영국 역사학자가 펴낸 책에 시체가 밤마다 무덤에서 나와 사람을 괴롭히는 이야기가 나온다. 14세기에는 흑사병으로 떼죽음을 당한 유럽 대륙에 흡혈귀에 대한 소문이 퍼져 나갔다.

1486년 로마 교황이 망령 현상에 관한 논문의 출판을 허용함에 따라 교회가 공식적으로 산 송장의 존재를 인정한 것으로 받아들여졌다. 1693년 루이 14세의 궁정에서 인기가 높았던 프랑스 월간지에 송장이 사람 피를 빨아 먹는 사건에 관한 기사가 연재되기도 했다.

18세기 초부터 계몽주의 시대가 무르익어 합리주의가 승리를 구가하면서 대부분의 미신은 타격을 받았음에도 흡혈귀에 대한 관심만은 더욱 폭발했다. 특이한 사건이 두 차례 발생하여 흡혈귀에 대한 공포가 유럽 전역으로 확산되었기 때문이다.

1725년 헝가리 농부가 매장된 뒤에 무덤에서 나와 8명을 살해한 것으로 알려졌다. 사건 기록에는 시체가 거의 상하지 않은 채 온전하고 입술에는 싱싱한 피가 묻어 있었다고 적혀 있다. 1726년 세르비아 지방의 농부가 건초 마차에서 떨어져 죽었다가 흡혈귀가 되어 이웃 주민 17명 이상을 죽인 사건이 발생했다. 1731년 공식 조사가 시작되어 이듬해 군의관과 장교들의 연대 서명이 빽빽하게 나열된 보고서가 출간되었다. 1732년 3월 이 사건을 대서특필한 프랑스와 영국의 잡지에 흡혈귀를 가리키는 어휘가 처음 등장했다.

영어권 사람에게 뱀파이어(vampire)라는 단어가 최초로 소개된 것이다. 뱀파이어는 매장한 지 몇 주가 지나도 부패하지 않은 시체를 의미한다. 이런 맥락에서는 누구나 뱀파이어가 될 수 있다.

18세기 초에는 뱀파이어가 세 가지 특징으로 정의되었다. 첫째 육신으로 돌아온 망령이며 유령이나 악마는 아니다. 둘째 밤이면 무덤에서 나와 살아 있는 사람의 피를 빨아 먹는다. 셋째 그 희생자 역시 죽은 뒤에 뱀파이어가 된다. 뱀파이어 현상을 놓고 의사, 성직자, 철학자 사이에 논쟁과 토론이 끝없이 전개되고 엄청난 양의 책자가 쏟아져 나왔지만 과학적으로 설명하지는 못했다. 19세기에 유럽이 산업화되면서

마침내 흡혈귀의 황금시대는 막을 내리게 된다.

영국 주간 『뉴 사이언티스트』 1월 29일 자 기사는 뱀파이어에 대한 믿음이 생긴 이유는 유럽인들이 사람이 죽은 뒤 시체가 분해되는 과정에 대한 이해가 부족했기 때문이라고 주장한다. 숨을 거둔 뒤 이틀만 지나도 배 안의 세균이 뿜어내는 기체가 주검을 팽창한 것처럼 보이게 하고 몸 안의 피를 입 밖으로 밀어낸다. 피 묻은 입을 보고 시체가 살아 있다는 착각을 할 수밖에 없었으므로 흡혈귀의 존재를 믿게 된 것이라고 설명한다.

어쨌거나 1897년 뱀파이어는 화려하게 부활한다. 아일랜드 작가 브램 스토커(1847~1912)의 소설 『드라큘라Dracula』가 대단한 성공을 거두었기 때문이다. 드라큘라 백작이 걸친 야회복과 검은 망토는 현대 흡혈귀의 상징이 되었다.

오늘 밤에도 어디선가 뱀파이어가 아름다운 여인의 피를 노리고 있지나 않을는지. (2011년 3월 5일)

이인식의 멋진과학 192

애착 이론과 로맨스

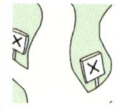

　주변 사람들 가운데 자주 만나는 친숙한 대상에게 애착(attachment)을 느끼는 것은 인지상정이다. 애착은 '사랑하고 아껴서 단념할 수 없는' 마음이다. 인간은 생후 6~8개월이 되면 어머니와 최초로 애착 관계를 형성하고 18개월부터 아버지, 형, 누나, 할머니 등으로 애착의 대상을 확대한다.
　애착에 관한 이론은 영국 정신분석학자 존 볼비(1907~1990)가 처음 제시했다. 1958년부터 애착 이론을 발표했다. 그의 이론은 캐나다 발달심리학자 메리 애인스워스(1913~1999)에 의해 더욱 심화되었다. 1970년대에 애인스워스는 어린아이가 어머니와 애착 관계를 발달시키는 유형은 세 가지라고 주장했다. 첫째 '안전한' 애착 관계이다. 어린아이가 환경에 적응하며 성장해 나갈 때 어머니가 자신감을 불어넣어 주고 불편과 고통을 덜어 주는 방패 역할을 한다. 둘째 '불안한' 애착 관계이다. 어린아이가 어머니의 행동에 지나치게 마음을 빼앗겨 늘 정서적으로 불안을 느끼는 상태이다. 셋째 '회피하는' 애착 관계이다. 아이가 어머니에게 너무 무관심해서 어머니의 도움이 필요한 경우에도 그냥 지나치기 일쑤이다.

1980년대 후반 들어 어린아이의 애착 이론은 어른의 로맨틱한 사랑에도 적용되었다. 미국 덴버대 심리학자 신디 해전과 필립 세이버는 성인이 사랑할 때 어린이와 어머니 사이에 형성되는 것과 비슷한 애착을 연인에게도 느끼게 된다고 주장했다. 1987년 『인성과 사회심리학 저널(JPSP)』 3월호에 발표된 애착 이론에 따르면 로맨틱한 사랑도 어린이에게서 나타난 것처럼 세 종류의 애착 형태로 구분된다. 첫째 안전한 애착 관계는 사랑하는 사람에게 자신이 바라는 것을 스스럼없이 밝힐 수 있으며 항상 편안하고 따뜻한 느낌을 갖게 된다. 둘째 불안한 애착 관계는 연인과 떨어져 있으면 혹시 다른 사람에게 관심을 갖게 될까봐 전전긍긍하고 끊임없이 상대방의 사랑을 시험한다. 셋째 회피하는 애착 관계는 사랑하는 사람과 일정한 거리를 유지하고 싶어 하며 매사에 독자적으로 행동한다.

모든 사람은 연애를 막 시작한 처녀이건 결혼 생활 40년 된 남자이건 세 가지 애착 형태의 하나에 해당한다. 50퍼센트가 안전한 애착, 20퍼센트는 불안한 애착, 25퍼센트는 회피하는 애착 관계로 추정되며 나머지 3~5퍼센트는 혼합된 형태인 것으로 나타났다.

미국 신경과학자 애머 레빈과 심리학자 레이첼 헬러는 로맨틱한 관계에 대한 애착 이론을 일상생활에서 활용하면 대인 관계에도 도움이 되고 연애를 성사시킬 확률도 높일 수 있다는 연구 결과를 발표했다. 2010년 12월 함께 펴낸 『애착Attached』에서 행복한 삶을 원하면 안전한 애착 관계를 형성하는 사람을 많이 만나는 것이 무엇보다 중요하다고 강조했다. 특히 로맨틱한 사랑을 잘 꾸려 나가려면 먼저 자신이 어떤 애착 성향인지 판단한 다음에 상대의 애착 형태를 확인할 것을 주문한다. 최선의 방법은 서로 터놓고 대화하는 것이다. 상대의 생각과 감정을 존중하는 사이라면 장래에 희망이 있겠지만 자기주장만 늘어놓는다면 궁합이 맞지 않는다고 할 수 있다. 그렇다면 애착 성향이 서로 다른 사람끼리는 지독하게 사랑할지라도 결국 불행한 관계가 될 가능성이 크다는 뜻이 아닌가. (2011년 3월 12일)

슬픔을 이겨 내는 힘, 레실리언스

3·11 대지진과 쓰나미, 원전 방사선 누출 사고가 겹친 국가적 위난 상황에서 일본 국민이 보여 준 침착성과 질서 의식은 해외 언론의 격찬을 받고 있다. 시신이 무더기로 발견되고 마을이 초토화된 생지옥에서 충격과 공포를 느끼는 것은 인지상정이다. 하지만 가족의 죽음, 전염병의 창궐, 테러리스트의 공격 같은 재앙을 겪은 사람들의 심리 상태를 연구하는 신경과학자와 심리학자들은 희생자 대부분이 빠른 속도로 정신적 안정을 되찾게 된다는 놀라운 사실을 밝혀냈다. 이처럼 고통과 슬픔에서 벗어나 정상적인 상태로 되돌아가는 것을 심리학에서는 '레실리언스(resilience)'라고 한다. 레실리언스는 원기를 회복하는 현상을 의미한다. 이를테면 용수철이 되튀어 원래 상태가 되는 것처럼 사람의 마음이 단기간에 제자리로 돌아가는 특성을 레실리언스라 이

른다.

　레실리언스 연구의 선구자는 미국 컬럼비아대 임상심리학자 조지 보내노이다. 그는 1990년대 초부터 사랑하는 사람과 사별한 사람들의 정서 반응을 연구했다. 그 당시 일반적인 통념은 가까운 친구나 가족이 죽게 되면 마음에 지울 수 없는 상처가 남는다는 것이었다. 그러나 보내노는 실험을 통해 기존 통념과 달리 사별한 사람들에게서 마음의 상처가 생긴 흔적을 찾아낼 수 없음을 확인했다. 대부분의 사람은 사별 이후 몇 달 만에 원래의 생활로 돌아갔으며 놀라울 정도로 환경에 잘 적응했다. 슬픔을 극복하는 능력은 유전자가 특별하거나 교육을 많이 받은 사람들만이 보여 주는 특성이 아닌 것으로 판명된 셈이다. 요컨대 심리적인 레실리언스는 거의 모든 사람이 본성으로 타고난다는 사실이 밝혀진 것이다.

　보내노는 연구 범위를 사별과 성격이 다른 사건의 고통으로 확장했다. 어린 시절 성적으로 학대를 받은 여성, 9·11 테러에서 살아남은 뉴욕 시민, 전염병으로 사경을 넘나든 홍콩 주민을 만나서 고통을 겪은 이야기를 들었다. 그들은 한결같이 불행을 아주 잘 극복해 낸 것으로 밝혀졌다. 연구 결과 죽음, 질병 또는 재난 직후에 3분의 1에서 3분의 2는 트라우마(정신적 외상)로 분류되는 수면장애나 불면증에 시달리지 않은 것으로 나타났다. 6개월 이후에 그런 증상이 나타난 사람은 10퍼센트 미만으로 줄어들었다. 2009년 9월 펴낸 『슬픔의 다른 얼굴 *The Other Side of Sadness*』에서 보내노는 레실리언스가 인간의 본성에 가깝기 때문에 슬픔을 견뎌 내기 위해 인위적 노력을 가하는 것은 오히려

해로울 수 있다는 주장을 펼치기도 했다.

비탄에 잠긴 사람은 그냥 내버려 두는 게 상책이라는 보내노의 이론에 반론이 없을 수 없다. 더욱이 미국 육군이 100만 명 이상의 병사와 가족들을 대상으로 레실리언스 능력을 향상시키는 계획을 추진 중에 있어 논란이 가열되고 있다. 『사이언티픽 아메리칸』 3월호의 커버스토리에 따르면 '사상 최대의 심리학적 실험'으로 여겨지는 이 계획의 효율성을 놓고 의견이 분분하다. 특히 보내노는 레실리언스가 본성이므로 육군의 계획은 도움이 되기는커녕 부작용만 일으킬지 모른다고 비판했다. 어쨌거나 레실리언스 이론은 쓰나미와 대지진으로 고통 받는 일본 사람들이 정신적 외상을 단기간에 극복할 수 있다는 희망의 메시지를 담고 있는 것만은 분명하다. (2011년 3월 19일)

이인식의 멋진과학 194

몸으로도 생각한다

    비누로 손을 씻으면 마음도 깨끗해지는 듯한 느낌을 갖게 된다. 종교 의식에서 물로 세례를 하는 이유는 죄악이 씻겨 내려간다고 여기기 때문이다. 전과자가 범죄의 굴레에서 벗어나면 '손을 씻었다'고 말한다. 이처럼 물리적 상태를 나타내는 낱말로 추상적 개념을 묘사하는 표현은 한둘이 아니다. 존경하는 인물은 '올려다'본다, 사랑하는 사람은 '따뜻하게' 느껴진다, 과거는 '되돌아본다'고 표현한다. 이런 사례는 마음이 추상적 개념을 이해할 때 몸의 도움을 받는 증거로 받아들여지고 있다. 따라서 몸의 감각이나 움직임이 마음의 인지 기능에 영향을 미치고 있다고 주장하는 '몸에 매인 인지'(embodied cognition) 이론이 등장했다.

    1960년대 이후 대부분의 인지과학자들은 정보처리 측면에서 뇌와

몸의 역할이 다르다고 전제했다. 몸은 감각기관을 통해 외부 세계의 정보를 획득하여 뇌로 전달하고, 뇌의 지시에 따라 운동기관을 통해 행동으로 옮긴다. 컴퓨터로 치면 몸은 입출력 장치에 불과하며 뇌만이 정보를 처리한다는 뜻이다. 그러나 1980년대 후반부터 일부 과학자들은 몸을 뇌의 주변장치로 간주하는 견해에 도전했다. 그들은 몸의 감각이나 행동이 뇌의 정보처리에 영향을 미치기 때문에 몸을 단순한 정보 입출력 장치로 보아서는 안 된다고 주장했다.

그러나 이를 뒷받침할 만한 과학적 증거가 없어 한때 조롱거리가 되기도 했지만 1990년대 후반부터 연구 결과가 잇따라 발표되었다. 가령 뜨거운 커피 잔을 들고 있거나 실내 온도가 알맞은 방 안에 있으면 낯선 사람을 대하는 사람의 기분도 누그러졌다. 딱딱한 의자에 앉아 협상을 하면 마음이 부드러운 남자도 상대를 심하게 다그쳤다. 무거운 배낭을 등에 지고 산에 오르면 비탈이 더 가파르게 느껴졌다. 목이 마르면 물이 든 병이 더욱 가깝게 있는 듯한 착각을 했다. 이런 실험 결과는 몸의 순간적인 느낌이나 사소한 움직임, 예컨대 부드러운 물건을 접촉하거나 고개를 끄덕이는 것이 사회적 판단이나 문제해결 능력에 영향을 미칠 가능성이 있음을 보여 준다. 요컨대 인지와는 무관해 보이는 깨끗함, 따뜻함, 딱딱함과 같은 감각도 인지와 무관하지 않은 것으로 밝혀진 셈이다.

2008년 미국 에모리대 심리학자 로렌스 바살로우는 『연간 심리학 평론Annual Review of Psychology』에 실린 논문에서 "뇌가 세상을 이해하기 위해 몸의 경험을 모의(시뮬레이션)하기 때문에" 인지가 몸에 매인 것으로 볼 수 있다고 주장했다.

만일 몸에 매인 인지 이론에 동의한다면 실생활에 활용할 만하다. 격월간 『사이언티픽 아메리칸 마인드』 1~2월호에 따르면 환경에 적절한 변화를 가해 원하는 결과를 얻어 낼 수도 있다. 가령 상거래를 할 때 상대에게 찬 음료보다 뜨거운 커피를 마시게 하면 더 따뜻한 느낌을 갖게 될 터이므로 계약을 성사시킬 가능성이 커진다. 몸에 매인 인지 이론은 교육 현장에서도 크게 활용될 전망이다. 초등학교 어린이는 독서를 하면서 책에 묘사된 행동을 흉내 내면 이해력이 증진되는 것으로 밝혀졌기 때문이다. 몸짓을 흉내 내면 어린이가 산수 문제를 푸는 데 도움이 된다는 연구 결과도 나왔다. 선생님들이 관심을 가질 만한 대목이다. (2011년 3월 26일)

이인식의 멋진과학 195

이야기는 힘이 세다

그리스 신화부터 아라비안나이트까지 흥미진진한 이야기는 우리를 웃기고 울린다. 『천일야화』의 주인공 셰에라자드는 1,000일하고도 하루 동안이나 밤을 새워 이야기를 풀어내서 결국 목숨을 연명하는 데 성공하고 왕은 마음이 누그러져서 사람 죽이는 일을 멈춘다.

사람의 목숨도 구할 정도로 괴력을 지닌 이야기가 사람의 몸과 마음에 미치는 영향을 분석한 보고서가 잇따라 발표되고 있다. 미국 워싱턴대 심리학자 제프리 잭스는 소설을 읽거나 영화를 볼 때 사람의 뇌에서 어떤 반응이 나타나는지 파악하기 위해 기능성 자기공명영상 장치로 뇌를 들여다보았다. 2009년 『심리과학』에 실린 논문에서 일상생활의 상황에서 활성화된 뇌 영역이 소설 주인공이 그런 상황에 처할

때도 똑같이 반응한다고 보고했다. 다시 말해 사람의 뇌는 사실과 허구의 차이를 분간하지 못한다는 것이다.

미국 클레어몬트대 신경과학자 폴 자크는 소설 주인공의 상황을 자신의 것처럼 받아들이는 감정이입이 일어나는 까닭은 옥시토신이 분비되기 때문이라고 설명했다. 뇌에서 합성되는 옥시토신은 성생활이나 대인 관계에서 중요한 역할을 하는 호르몬이다. 감정을 자극하는 이야기일수록 옥시토신이 많이 분비되어 소설 주인공의 이야기를 마치 자신의 것인 양 받아들인다는 것이다.

미국 신경과학자 리드 몬태규는 사람이 이야기를 들을 때 뇌의 보상체계에서 일어나는 반응을 연구했다. 포유류의 뇌에는 음식, 섹스, 자식 양육 등 지속적 생존을 위해 필수적인 행동을 규칙적으로 해 나갈 수 있도록 보상으로 쾌락을 제공하는 신경세포 집단이 있다. 보상체계는 중독에도 관련된다. 어떤 이야기에 중독되는 것도 보상체계가 활성화되기 때문이다. 중독성이 강한 이야기를 들으면 소량의 코카인을 복용할 때와 다를 바 없는 효과가 나타나는 것으로 밝혀졌다.

미국 프린스턴대 유리 해슨은 같은 영화를 보는 사람들의 뇌에서 같은 반응이 나타나는 것을 확인했다. 2010년 『미 국립과학원 회보(PNAS)』 8월 10일 자에 실린 논문에서 이야기를 듣는 사람의 뇌 활동이 이야기를 하는 사람의 뇌 활동과 같아졌다고 보고했다. 이 연구 결과는 이야기 구조(내러티브)가 집단 구성원을 하나로 묶어 동일한 정체성을 갖도록 하는 사회적 접착제 역할을 하기 때문에 인류의 생존에 보탬이 되었다는 이론을 뒷받침하는 것으로 받아들여진다.

이야기가 사람의 뇌에 영향을 미치는 메커니즘이 밝혀짐에 따라 이를 영화 제작, 공공기관의 도덕성 제고, 테러 방지 등에 활용하자는 아이디어가 나오고 있다. 영국 주간 『뉴 사이언티스트』 2월 12일 자에 따르면 유리 해슨은 관객의 뇌가 내러티브에 반응하는 메커니즘을 영화 제작에 활용하려는 움직임을 신경영화예술(neurocinematics)이라 명명하고 미래의 영화감독은 관객의 뇌 반응에 따라 이야기를 구성해야 한다고 강조했다. 내러티브가 집단을 동일한 정체성으로 묶는 힘이 있기 때문에 군대나 정당 같은 조직에서 도덕성을 끌어올리는 데 사용하자는 제안도 나오고 있다. 내러티브를 활용하면 인간의 공격적 성향을 완화시킬 수 있으므로 테러 범죄도 예방할 수 있을 것으로 여겨진다.

(2011년 4월 2일)

이인식의 멋진과학 196

위기 상황에서 똘똘 뭉친다

2001년 9월 11일 테러 집단에 의해 납치된 민간 여객기가 뉴욕의 110층짜리 세계무역센터 쌍둥이 빌딩과 충돌했을 때 무너져 내리는 건물 안에 있던 사람들 대부분은 생명이 위협받는 상황에서 겁먹지 않고 침착하게 행동했다. 발 디딜 틈이 없는 계단을 통해 탈출을 서두르면서도 서로 밀치거나 새치기를 하지 않고 질서 정연하게 움직여 대부분 살아서 건물 밖으로 나올 수 있었다. 9·11 테러의 생존자들이 보여 준 차분한 행동은 할리우드의 재난 영화나 텔레비전 뉴스 보도에서 죽음의 공포에 직면한 군중이 허둥대는 모습을 자주 보아 온 사람들에게 신선한 충격으로 받아들여졌다. 특히 비상사태 전문가들에게 새로운 연구 과제가 되었다. 자연재해나 대형 참사 같은 공황적인 상황에서 군중은 이성을 잃고 제멋대로 행동한다고 전제하는 전문가들이 적지 않았기 때문이다.

영향력 있는 심리학 교과서에도 가령 1942년 11월 미국 보스턴의 나이트클럽 화재로 492명이 불에 타 죽은 이유를 손님들이 미친 듯이 발버둥 쳤기 때문이라고 설명한다. 하지만 이 화재 사건을 심층 분석한 미국 인디애나대 사회심리학자 제롬 처트코프는 손님 대부분이 출구의 위치를 몰라 우왕좌왕하다 짓밟혀 죽거나 질식사한 것을 밝혀냈다. 1999년 펴낸 『침착해라 Don't Panic』에서 손님들이 떼죽음을 당한 까닭은 결코 그들이 공포에 질려 허둥댔기 때문만은 아니라고 강조했다.

2005년 8월 허리케인 카트리나가 미국 남부 해안 지역을 초토화시킨 뒤 주민의 행동을 분석한 연구도 비슷한 결론에 도달했다. 미국 콜로라도대 캐슬린 티어니는 1,800여 명의 목숨을 앗아 간 재앙으로 먹을 것이 모자란 사람들이 절도나 약탈 행위를 저질렀는지 조사했으나 그런 흔적은 찾아보기 어려웠다. 구태여 약탈이라고 할 만한 행동은 가게의 요금 계산기가 고장 나서 돈을 내지 못하고 가족과 이웃에게 필요한 식료품을 가져간 것뿐이었다. 모든 주민은 치안 체제가 붕괴된 상태에서도 스스로 질서를 지키는 놀라운 능력을 발휘한 것으로 밝혀졌다.

비상 상황에서 군중 속의 개인이 합리적으로 판단하고 이웃을 돕는 이유는 여러 각도로 설명될 수 있다. 영국 사회심리학자인 서섹스대 존 드러리와 세인트앤드루스대 스티븐 레이허는 '사회 정체성 공유'(shared social identity) 개념을 제안했다. 이는 '사회적 정체성 이론'과 맞닿아 있다. 1979년 영국 브리스톨대 사회심리학자 존 터너가 제안한 이

　이론은 개인들이 가령 "우리 모두는 한국인이다."고 말할 때처럼 특정 집단의 정체성을 공유한다고 느낄 때, 서로를 신뢰하며 힘을 합친다고 설명했다. 집단 안에서 정체성을 확인한 사람들은 위기 상황에서 개인의 이해보다 집단의 목표를 위해 행동한다.

　스티븐 레이허는 2010년 격월간 『사이언티픽 아메리칸 마인드』 11~12월호에 기고한 글에서 생존이 위협받는 비상 상황에서 정체성을 공유하게 되므로 똘똘 뭉치고 서로 돕게 되는 것이라고 주장했다. 레이허는 기고문의 끝에서 "보통 사람들은 자신의 생존을 위해 더 많은 책임을 지도록 요구받으면, 엄청난 일을 해낼 수 있다."고 적었다. 3·11 대지진을 수습하는 과정에서 일본 국민이 보여 준 특유의 질서 의식도 이런 맥락에서 이해해야 되지 않을는지. (2011년 4월 9일)

이인식의 멋진과학 197

물 한 모금의 효과

　면접시험을 보기 전에 경미한 복통을 느끼는 젊은이들이 적지 않다. 직장에서 직급이 낮을수록 상사보다 심장질환과 위장 장애로 시달릴 확률이 더 높다. 일상생활에서 야기되는 지속적인 스트레스 때문에 질환이 발생할 수 있음을 보여 주는 사례들이다. 정신적 스트레스에 의한 만성질환은 정신신체질환이라 불린다. 고혈압, 위궤양, 천식, 류머티즘 관절염, 신경성 피부염 등이 대표적인 정신신체질환이다. 스트레스 같은 정신 현상이 신체 건강에 절대적인 영향을 미친다고 여기는 접근 방법은 심신의학(mind-body medicine) 또는 정신신체의학(psychosomatics)이라고 한다.
　마음이 신체 질환의 원인이 된다는 사실은 상식이 되었지만 거꾸로 몸의 질병이 정신적 장애를 유발할 수 있다는 사실은 거의 알려지지 않았다. 1923년 독일 실존주의 철학자이자 정신병 의사인 칼 야스퍼스(1883~1969)는 신체 질환이 마음에 미치는 영향을 연구하는 분야를 신체심리학(somatopsychology)이라고 명명했다.

가장 흔한 정신질환의 하나인 우울증의 경우 유전과 환경 요인이 모두 관련된 복합 질병이지만 만성 염증도 발병 원인이 될 수 있다는 연구 결과가 나왔다. 2010년 호주 멜버른대 역학자 쥴리 파스코는 『영국 정신의학 저널British Journal of Psychiatry』에 실린 논문에서 정신이 건강한 20~84세 여성 644명을 10년간 조사한 결과 편도선 같은 부위의 염증이 오래가면 우울증이 발병할 가능성이 커지는 것으로 나타났다고 보고했다. 우울증은 호르몬의 변화와도 관계가 있다는 연구 결과가 나왔다. 40대 이후 남성은 남성호르몬인 테스토스테론의 분비가 감소하면서 발기 부전 같은 신체 기능 저하뿐 아니라 우울증 같은 정신장애가 나타날 수 있다는 것이다.

미량영양소를 충분히 섭취하지 못하면 우울증에 빠질 확률이 높다는 연구 결과도 나왔다. 오메가3지방산, 엽산, 비타민, 칼슘처럼 아주 적은 분량으로 작용하는 물질을 미량영양소라 한다. 2011년 미국 캔자스대 신경약리학자 베스 레반트는 우울증 관련 전문지에 발표한 논문에서 오메가3지방산이 모자라면 우울증과 관련된 신경전달물질에 변화가 나타난다고 설명했다. 아이를 낳은 직후 산모가 우울증을 호소하는 이유의 하나도 오메가3지방산 부족 때문인 것으로 밝혀졌다.

몸에서 일어나는 변화는 마음의 능력도 저하시킬 수 있다. 대표적인 사례는 뇌 안에서 물이 부족할 때 발생하는 현상이다. 물이 충분하

지 못하면 뇌세포가 오그라들면서 뇌 조직이 수축되어 정보를 제대로 처리할 수 없게 된다. 젊은이는 기억이나 집중력이 손상되지만 나이 든 사람은 건망증이나 언어장애가 나타난다. 한편 10살 안팎 어린이의 경우 시험 보기 전에 물을 한 잔만 마셔도 시험 성적이 더 좋게 나온다는 실험 결과가 발표되었다. 한 모금의 물이 뇌가 학습하고 기억하는 능력에 영향을 미친다는 사실이 밝혀진 것만으로도 신체심리학의 연구에 관심을 갖게 한다.

독일 뤼베크대 의료심리학자 에리히 카스텐은 격월간 『사이언티픽 아메리칸 마인드』 3~4월호에 실린 글에서 "마음의 병을 몸 전체의 맥락에서 살펴보면 자칫 놓치기 쉬운 발병 원인도 찾아낼 수 있다."고 강조했다. (2011년 4월 16일)

이인식의 멋진과학 198

지진 조기 경보 시스템

날마다 지구 곳곳에서 수백 차례 지진이 일어나고 있다. 우리 발밑의 땅속은 꿈틀거리고 있다. 다행히 대부분의 지진은 지진계의 도움 없이는 감지되지 않을 정도로 규모가 작다.

지진계는 지진파의 진폭과 진동수를 기록한다. 지진파는 지진 폭발에 의해 발생되어 지구 내부 또는 표면을 따라 전파되는 진동이다. 지구 내부를 통해 전파되는 것은 실체파(body wave)라 불린다. 실체파에는 P파(primary wave)와 S파(secondary wave)가 있다. P파는 속도가 비교적 빠르지만 진폭이 작아 피해가 적다. P파가 지나갈 때 암석은 압축된다. S파는 느린 속도로 진동하지만 진폭이 커서 피해가 크다. S파가 지나갈 때 암석은 여러 방향으로 뒤틀린다. 지진 기록 관측소에 먼저 도착하는 것은 S파보다 빠른 P파이다.

지진을 관측하는 방법은 두 가지이다. 하나는 지진계 한 개로 진원지 근처의 P파를 감지하는 방법이고, 다른 하나는 지진계 여러 개를 네트워크로 연결해 지진 정보를 분석하는 방법이다. 두 가지 방법은 각각 장단점이 있다. 단일 지진계를 사용할 경우 지진 발생을 신속히 감지할 수 있지만 지진으로 오인해서 엉터리 경보를 내거나 지진을 감지하지 못해 경보를 발령하지 못하는 불상사가 염려된다. 한편 멀리 떨어진 곳에 설치한 여러 개의 지진계에 의해 기록된 자료를 취합하는 네트워크 방식은 지진 경보의 정확성을 높일 수 있지만 정보 전송과 분석에 몇 초가 더 소요되어 피해가 커질 수 있다. 치명적인 S파는 1초마다 3~4킬로미터를 내달리기 때문에 단 몇 초라도 경보 시간을 단축해야 한다는 뜻이다. 가령 지진 발생 후 20초 안에만 경보가 발령되어도 원자력발전소는 가동을 중단하고, 국제공항에서는 비행기를 되돌려 보내고, 위험한 작업을 하는 노동자는 안전지대로 피신하고, 학생이나 사무실 근로자는 책상 밑으로 얼른 몸을 숨겨 피해를 줄일 수 있다. 따라서 두 가지 지진 관측 방법을 결합하여 지진 경보의 정확성을 제고함과 아울러 신속성을 담보하는 제3의 방식이 최선으로 여겨지고 있다.

현재 멕시코, 루마니아, 일본, 대만, 터키 등 5개 지역에 지진 조기 경보 네트워크가 설치되어 있으며, 미국 캘리포니아를 비롯해 중국, 스위스, 이탈리아에서 추진 중에 있다.

환태평양 지진대에 속하는 캘리포니아는 언제든지 지진이 발생할

수 있는 위험지역이다. 1906년 규모 8.3의 강진으로 3,000여 명이 죽고 수십만 명의 이재민이 발생했다. 1989년 규모 6.9의 지진으로 62명이 숨졌다. 1994년 규모 6.7 지진으로 72명이 사망하고 9,000여 명이 부상을 당했다. 향후 30년 안에 규모 6.7 이상의 지진이 발생할 확률은 99.7퍼센트라고 알려졌다. 이런 상황에서 캘리포니아는 '셰이크얼러트(ShakeAlert)'라는 조기 경보 시스템을 구축하고 있다. 2006년 착수된 이 시스템은 단일 지진계와 네트워크 형태의 장점을 결합한 제3의 방식이다. 최초의 P파가 감지된 후 5초 안에 경보가 발령될 것으로 기대한다. 이 프로젝트에 참여한 캘리포니아대 지구물리학자 리처드 알렌은 『사이언티픽 아메리칸』 4월호에 실린 글에서 "5년 안에 시스템이 가동되면 우리 모두 감사하게 될 것"이라고 끝맺었다. (2011년 4월 23일)

생각으로 비행기 조종한다

  2009년 할리우드 영화 「아바타Avatar」는 2154년 주인공의 생각이 분신(아바타)을 통해 그대로 행동으로 옮겨지는 장면을 보여 준다. 손을 사용하지 않고 생각만으로 기계를 움직이는 기술은 뇌-기계 인터페이스(BMI: brain-machine interface)라 한다. BMI는 두 가지 접근 방법이 있다. 하나는 뇌의 활동 상태에 따라 주파수가 다르게 발생하는 뇌파를 이용하는 방법이다. 먼저 머리에 띠처럼 두른 장치로 뇌파를 모은다. 이 뇌파를 컴퓨터로 보내면 컴퓨터가 뇌파를 분석해 적절한 반응을 일으킨다. 요컨대 컴퓨터가 사람의 마음을 읽고 스스로 동작하는 셈이다. 다른 하나는 특정 부위 신경세포(뉴런)의 전기적 신호를 이용하는 방법이다. 뇌의 특정 부위에 미세전극이나 반도체 칩을 심는다. 이런 뇌

이식 장치를 처음 개발한 인물은 미국 신경과학자 필립 케네디이다. 1998년 3월 그가 만든 최초의 BMI 장치가 뇌졸중으로 쓰러져 목 아랫부분이 완전히 마비된 환자의 두개골에 구멍을 뚫고 이식되었다. 케네디의 장치에는 미세전극이 한 개밖에 없었지만 환자는 생각하는 것만으로 컴퓨터 화면의 커서를 움직이는 데 성공했다. 케네디와 환자의 끈질긴 노력으로 BMI 실험에 최초로 성공하는 역사적 기록을 세운 것이다.

1999년 2월 독일의 닐스 버바우머는 몸이 완전히 마비된 환자의 두피에 전자장치를 두르고 뇌파를 활용해 생각만으로 1분에 두 자꼴로 타자를 치게 하는 데 성공했다. 같은 해 6월 브라질 출신의 미국 신경과학자 미겔 니코렐리스는 케네디의 환자와 똑같은 방식으로 생쥐가 로봇 팔을 조종할 수 있다는 실험 결과를 내놓았다. 니코렐리스는 2000년 10월 부엉이원숭이, 2003년 6월 붉은털원숭이에게 BMI 실험을 해서 원숭이가 생각만으로 로봇 팔을 움직이게 하는 데 성공했다. 2008년 5월 미국 신경과학자 앤드루 슈워츠는 원숭이가 생각만으로 로봇 팔을 움직여 과일 조각을 집어 먹도록 했다.

전신 마비 환자들이 생각하는 대로 휠체어를 운전하는 기술도 실현되었다. 2009년 5월 스페인, 6월 일본에서 각각 생각만으로 움직이는 휠체어가 개발되었다. 국제적 공동 연구인 '다시 걷기 프로젝트'(Walk Again Project)는 하반신 불수 환자의 다리 근육에 기계장치를 부착하고 뇌파로 제어하여 보행을 가능하게 만드는 'BMI 외골격(exoskeleton)'을 개발하고 있다. 이는 일종의 입는 로봇인 셈이다.

    BMI 전문가들은 2020년경에 비행기 조종사들이 손을 사용하지 않고 머릿속 생각만으로 계기를 움직여 비행기를 조종하게 될 것이라고 전망한다.

    3월 중순 펴낸 『경계를 넘어서 Beyond Boundaries』에서 니코렐리스는 "앞으로 20년 안에 사람의 뇌와 각종 기계장치가 연결된 네트워크가 실현될 것"이라고 전망하고, "인류는 생각만으로 제어되는 아바타를 통해 접근이 불가능하거나 위험한 환경, 예컨대 원자력발전소, 깊은 바닷속, 우주공간 또는 사람의 혈관 안에서 임무를 수행할 수 있다."고 주장했다. 그는 BMI 기술이 발전하면 "궁극적으로 사람의 뇌끼리 연결되어 말을 하지 않고 생각만으로 소통하는 뇌-뇌 인터페이스(brain-brain interface) 시대가 올 것"이라고 내다보았다. (2011년 4월 30일)

이인식의 멋진과학 200

좋은 부모가 되려면

좋은 부모가 되고 싶어 하는 것은 인지상정이다. 미국 온라인 서점 아마존에 소개되는 가정교육 안내서가 4만 종에 이를 정도이다. 다이어트 관련 서적 1만 6,000종을 훨씬 상회한다.

미국 심리학자 로버트 엡슈타인은 부모 2,000명을 대상으로 좋은 부모가 되기 위해 갖추어야 할 능력을 분석하고 2010년 8월 미국심리학회(APA) 연차 총회에서 양육 기술 열 가지를 발표했다. 10대 양육 기술을 중요한 순서로 나열하면 다음과 같다.

①사랑 : 부모가 자식에게 줄 수 있는 최고의 선물은 아낌없는 사랑이다.

②스트레스 관리 : 좋은 부모가 되려면 자신의 스트레스를 관리하

는 능력이 뛰어나야 하는 것으로 나타났다. 스트레스가 많은 부모는 애꿎은 아이들에게 짜증을 내거나 잔소리를 많이 할 가능성이 크기 때문일 것이다.

③부부 관계 : 자식들은 부모 사이의 금슬이 좋기를 바란다. 아이들은 부모가 싸우는 것을 싫어한다. 부부 싸움을 할 수밖에 없으면 자식들이 볼 수 없는 장소로 옮기도록 한다. 자식들 앞에서 싸운 경우에는 그들이 보는 앞에서 상대에게 사과하고 용서하는 모습을 보여 주도록 노력해야 한다.

④자율성과 독립성 : 자식들을 존중하는 마음으로 대할 뿐만 아니라 그들이 스스로 일을 처리하고 혼자서 설 수 있도록 격려하고 도와준다.

⑤학습 : 어느 부모가 자식이 우등생이 되기를 원치 않겠는가. 아이들이 공부할 기회를 많이 제공하도록 한다.

⑥경제 능력 : 돈 많은 부모가 반드시 좋은 부모는 아닐 테지만 그렇다고 경제력이 없는 부모가 자식들의 뒷바라지를 제대로 할 수는 없다.

⑦행동 관리 : 칭찬은 고래도 춤추게 한다지 않은가. 사소한 일도 칭찬을 아끼지 말 것이며 큰 실수를 한 경우에만 꾸지람을 하도록 조심한다.

⑧건강 : 규칙적인 운동과 적절한 영양 섭취로 건강을 유지하면 자식도 부모의 생활 자세를 본받게 된다.

⑨종교 : 부모가 신앙심이 깊고 종교 활동에 적극적으로 참여하면

자식에게 긍정적인 영향을 미치는 것으로 나타났다.

⑩안전 : 자식의 안전을 반드시 지켜 주어야 하며 자식의 행동을 항상 유심히 관찰하는 부모가 되어야 한다.

2010년 격월간 『사이언티픽 아메리칸 마인드』 11~12월호에 실린 글에서 로버트 엡슈타인은 좋은 부모의 조건에 대해 몇 가지 사회적 편견이 있다고 지적했다. 예컨대 어머니가 아버지보다 좋은 부모가 될 가능성이 훨씬 크다고 생각하기 쉽지만 엇비슷한 것으로 밝혀졌다. 나이 들고 자식을 많이 둔 사람이 반드시 좋은 부모 노릇을 하지는 않는 것으로 나타났다. 이혼한 부모도 결혼 생활 중인 부모 못지않게 자식 양육을 잘하는 것으로 밝혀졌다.

엡슈타인은 "좋은 부모와 나쁜 부모의 차이는 단 한 가지, 곧 교육"이라고 주장했다. 자녀 양육에 관한 교육을 많이 받은 부모일수록 부모 노릇을 더 잘하는 것으로 나타났다는 뜻이다. 가령 아버지 학교 또는 어머니 학교에서 소정의 교육을 이수하면 누구든지 훌륭한 부모 노릇을 할 수 있다니 얼마나 반가운 연구 결과인가.

* 이 칼럼에는 일러스트가 없다. 2011년 5월 7일 자로 실릴 예정이었으나 why?의 지면 개편으로 게재되지 못했기 때문이다. 200회가 되는 이 칼럼으로 「이인식의 멋진과학」을 마무리하는 것으로 합의를 보았지만 199회로 끝나고 만 셈이다. 이 칼럼을 구태여 수록하는 것도 200회 발표가 불발로 끝난 데 대한 아쉬움이 워낙 컸기 때문이리라.

찾아보기-인명

가드너Howard Gardner 155~156
가미타니 유키야스神谷之康 147
갈린스키Adam Galinsky 98~99
갤란트Jack Gallant 146~147
게어Glenn Geher 35
게이블Shelly Gable 180~181
게이츠Bill Gates 128~129, 263
골먼Daniel Goleman 75~77
그리스케비시우스Vladas Griskevicius 95~96, 262~263
글래드웰Malcolm Gladwell 143

나보코프Vladimir Nabokov 97
너크Eha Nurk 335
네틀Daniel Nettle 281~282
노왁Martin Nowak 160
노턴Michael Norton 305~306
뉴버그Andrew Newberg 59~60
니스벳Richard Nisbett 48~49
니코렐리스Miguel Nicolelis 366~367

다윈Charles Darwin 18~20, 34~35, 38
다트Raymond Dart 197~198
달라이 라마14th Dalai Lama 149~150, 333
더튼Kevin Dutton 210~212
던바Robin Dunbar 38
데이비드슨Richard Davidson 150
도리고Marco Dorigo 188~190
뒤르켐Émile Durkheim 43
듀다이Yadin Dudai 329
드 발Frans de Waal 163, 256
드러리John Drury 107~108, 357
드레이크Frank Drake 165, 325~327

라이켄David Lykken 51~52
람스톨프Stefan Rahmstorf 104
래니어Jaron Lanier 194~196
래자스펠드Paul Lazarsfeld 142~143
래치먼Stanley Rachman 328~329
램버트Patricia Lambert 247
램스덴Edmund Ramsden 222~223
랭글벤Daniel Langleben 52
러브록James Lovelock 100~101
레반트Beth Levant 360
레빈Amir Levine 345~346
레어Stephen Lea 109~110
레이허Stephen Reicher 357~358
레테뉴어Luc Letenneur 335
로Bobbi Low 281
로저스Alan Rogers 198
로취Mary Roach 286, 288
로코Mihail Roco 118~120
로프터스Elizabeth Loftus 202~203
록스트롬Johan Rockström 227~229
루이스Oscar Lewis 62~63
루즈벨트Franklin Roosevelt 132
류보머스키Sonja Lyubomirsky 285
르블랑크Steven LeBlanc 248
리드David Reed 198~199
리들리Matt Ridley 251~252
리버만Nira Liberman 113~114
리츠먼Jeff Lichtman 323~324
리치Colin Leach 310~311
릴리엔펠드Scott Lilienfeld 126, 202~203

마르크스Karl Marx 62
마리니Jean Marigny 340
마이어스Daniel Myers 125~126
마크맨Arthur Markman 48
마키Patrick Markey 299~300
매닝John Manning 29
매덕스William Maddux 98~99

매크레디Anna Macready 336
맥과이어Eleanor Maguire 147
맥키Martin McKee 237
맬러리George Mallory 235
머리스Peter Muris 329
모라벡Hans Moravec 82
모리스Desmond Morris 197
몬태규Read Montague 307~308, 354~355
뮐러John Mueller 249
미첼Edgar Mitchell 152~153
밀러Geoffrey Miller 35, 115~117, 263
밀러Peter Miller 265~266

바렐라Francisco Varela 169
바렛Justin Barrett 38
바살로우Lawrence Barsalou 352
바스Arpad Vass 286~288
바튼Robert Barton 240~241
백남준白南準 99
백스Michael Backes 88~90
버바우머Niels Birbaumer 366
버핏Warren Buffett 263
번스Gregory Berns 207~209
베블런Thorstein Veblen 116
베이커Robin Baker 292
베코프Marc Bekoff 55, 257~258
벤슨Herbert Benson 60, 150, 331
벤터Craig Venter 165~167
벰Daryl Bem 315
보내노George Bonanno 348~349
볼비John Bowlby 344
부시George W. Bush 155, 157
뷰캐넌Mark Buchanan 111
브라운Dan Brown 152
브라운Lester Brown 79~80
브라운Richard Brown 225
브라운Stuart Brown 53

브래프먼Ori Brafman 67
브리어스Barbara Briers 110
브린Sergey Brin 128~129
블랜천Paul Blanchon 104
블룸Paul Bloom 38
비그나Giovanni Vigna 88
비티Andrew Beattie 269
빈지Vernor Vinge 81
빌드슈트Tim Wildschut 278

사이먼Julian Simon 250~251
새런Clifford Saron 332
섐버그Michelle Schamberg 63~65
셰이버Phillip Shaver 345
셀리그먼Martin Seligman 180
쇤Hendrik Schön 276
쉐인Scott Shane 289~290
슈스터Mark Schuster 176~179
슈스터Stephan Schuster 193
슈워츠Andrew Schwartz 366
슘페터Joseph Schumpeter 19
스미스Richard Smith 311
스태노비치Keith Stanovich 157
스토리Anne Storey 225~226
스토커Bram Stoker 342~343
스티븐슨Betsey Stevenson 284
스틸Piers Steel 16~17
스페어스Russell Spears 310~311
스펙터Michael Specter 238
승 세바스찬/승현준Sebastian Seung 323
시로이스Fuschia Sirois 16
싱어Peter W. Singer 254~255

아리스토텔레스Aristoteles 221
아시모프Isaac Asimov 302
아시시의 성 프란치스코St. Francis of Assisi 69, 71

아처John Archer 299
알렌Richard Allen 364
애리얼리Dan Ariely 67, 110~111, 305~306, 309
애인스워스Mary Ainsworth 344~345
애트랜Scott Atran 38
애트릴Martin Attrill 241
앤더슨Michael Anderson 303
앤더슨Susan Anderson 303
앤지어Natalie Angier 330
야스퍼스Karl Jaspers 360
야코보니Marco Iacoboni 33
에를리히Paul Ehrlich 250, 269
에반스Gary Evans 63~65
엘리옷Andrew Elliot 242
엡슈타인Robert Epstein 368~370
오바마Barack Obama 91~93, 184, 255
우벨Peter Ubel 67~68
울퍼스Justin Wolfers 284
워드Peter Ward 21~23, 101~102
워릭Kevin Warwick 82~83
윌러슬레브Eske Willerslev 193
윌슨Allan Wilson 191
윌슨Edward Wilson 269
윌터머스Scott Wiltermuth 31~33
윤이상 尹伊桑 99
이스털린Richard Easterlin 283~284

자크Paul Zak 354
자하비Amotz Zahavi 116
잡스Steve Jobs 128~129
재브론스키Nina Jablonski 199~200
잭스Jeffrey Zacks 353~354
저스트Marcel Just 147~148
조이너Thomas Joiner 44~46, 231~232
지아 라일Lile Jia 113~114

차페크Karel Capek 301
처트코프Jerome Chertkoff 357
최진실 196
치알디니Robert Cialdini 210, 262~263

카스텐Erich Kasten 361
카이서Cheryl Kaiser 93
카이엘Kent Kiehl 296
칸트Immanuel Kant 112, 211
캐넌Walter Cannon 84
캐한Dan Kahan 238
커시Irving Kirsch 85~86
커즈와일Raymond Kurzweil 82~83, 319~321
케네디Philip Kennedy 365~366
켈트너Dacher Keltner 136~138
코넬-벨Ann Cornell-Bell 122
코젤Andrew Kozel 52
코츠John Coates 30
쿤Markus Kuhn 88
쿱Andrew Koob 122~123
퀴블러로스Elisabeth Kübler-Ross 213~215
큐브릭Stanley Kubrick 301
큐오이드바흐Jordi Quoidbach 284
크라우스Neal Krause 61
크리스태키스Nicholas Christakis 143~145, 170
크리스텐슨Kaare Christensen 140~141
크리커리언Robert Krikorian 336
클레이버Dieter Kleiber 57~58
클루차레브Vasily Klucharev 33
클리메크Peter Klimek 26~27
킬리Lawrence Keeley 247

타카하시 히데히코高橋英彦 311
탈러/세일러Richard Thaler 67
터너John Turner 107~108, 357~358

토마셀로 Michael Tomasello 161~163
토머스 Chris Thomas 269
트럼프 Donald Trump 262~263
트롭 Yaacov Trope 113
트웨인 Mark Twain 50
티어니 Kathleen Tierney 357

파라 Martha Farah 63
파보 Svante Pääbo 193
파스코 Julie Pasco 360
파울러 James Fowler 143~145, 170
파웰 Lawrence Farwell 52
파인만 Richard Feynman 271
파인슈타인 Justin Feinstein 330
파킨슨 Northcote Parkinson 24~27
퍼그선 Darin Furgeson 173
페르 Ernst Fehr 160
페이겔 Mark Pagel 198
페이드 Nicolás Fayed 234~235
페트로비치 Olivera Petrovich 39
펠레그리니 Anthony Pellegrini 55
폴리 Jonathan Foley 227~229
폴저 Tim Folger 327
프라이 Douglas Fry 248~249
프라이어 Ronald Prior 335
프레드릭슨 Barbara Fredrickson 181, 317~318
프로쉬 Robert Frosch 76~77
프로이트 Sigismund Freud 43~44, 112
프리드먼 David Freedman 259~261
프리드먼 Ray Friedman 91
프톨레마이오스 Ptolemaeos 275
플랜트 Ashby Plant 92
피르호 Rudolf Virchow 121~122
피셔 Len Fisher 246
피터슨 Bradley Peterson 230~231
피프 Paul Piff 263~264
핀챔 Frank Fincham 293~294

하게만 Norbert Hagemann 241
하디 Alister Hardy 198
하디 Charlie Hardy 95
하딘 Garrett Hardin 158~159
하만 Willis Harman 153
하우저 Marc Hauser 274~275
해슨 Uri Hasson 355
해인즈 John-Dylan Haynes 147
해전 Cindy Hazan 345
헤든 Trey Hedden 49
헤밍웨이 Ernest Hemingway 97
헬러 Rachel Heller 345~346
헬빙 Dirk Helbing 244~246
호간 John Horgan 249
호킹 Stephen Hawking 327
홀 Daniel Hall 60
홉스 Thomas Hobbes 161
화이트 Lynn White 70
훔머 Robert Hummer 60
힐 Russell Hill 241~242

찾아보기-용어

가상현실VR 194
가이아 이론 100~101
거울뉴런 33
경쟁적 이타주의 94~96, 263
경제적 인간 66
고정관념 위협 91~92
공공재 게임 159~160
공유지의 비극 158~160
과시적 소비 116~117
국가 융합기술 발전 기본 계획 120, 217
군중심리 31~33, 106~108, 195~196
그린GRIN 21
긍정심리학 180~183, 316~318
기계 윤리 302~303

나노기술 21, 83, 118, 120, 129, 172~175, 195, 217, 321
노스탤지어 277~279
노시보 효과 84~86
뇌 지문 감식 52
뇌-기계 인터페이스BMI 365~367
뇌전도EEG 309
눈 덩어리 지구 101~102
뉴에이지 154

다브다DABDA 모델 213~215
다윈의학 18~19, 217
도전 가설 298~300
도파민 33, 291
디옥시리보핵산DNA 191~193
떼 지능 188~190

레실리언스 347~349

로봇공학의 3대 법칙 302

마음 업로딩 321
마이크로 로봇 271~273
만물의 인터넷IoT 185
「매트릭스」 83, 301~302
메데이아 가설 100~102
몸에 매인 인지 이론 350~352
미래인류 21~23
미루는 버릇 15~17
미주신경 136~137

백세인 139~141
보상체계 110, 208, 354~355
부인주의 236~239
분자고고학 191~193

사망학 213~215
사이드 채널 87~90
사이버네틱 전체주의 194~196
사이코패스 295~297
사회적 연결망(네트워크) 142~145, 169~170
사회적 정체성 107~108, 357~358
산업생태학 76~77
생명 제2판 166~167
생물다양성 102, 228~229, 250, 268~270
생태신학 69~71
샤덴프로이데 310~312
성선택 20, 34~35, 115~117
세티SETI 165, 325~327
셰이크얼러트 364
시간생물학 125
신경 해독 146~148
신경교세포 121~123

신경마케팅 308~309
신고전파 경제학 19, 66
신체심리학 360~361
쌍둥이 연구 290~291

암묵적 편견 92
애착 245, 344~346
오메가3지방산 41, 360
옥시토신 224~225, 354
웹 2.0 195~196
유도성 가정교육 162
유전 프로그래밍GP 18~20
유죄 지식 검사GKT 51~52
융합기술 118~120, 129, 216~219
이너슨스 프로젝트 201~203
2대 4 비율 29~30
이스털린 역설 283~284
인간게놈프로젝트HGP 119, 165, 337~339
인지신경과학 63~65

자연선택 18~20, 21, 34, 38~39, 115
자유놀이 53~55
작업 기억 63~64
장애 이론 116~117
전두대상피질ACC 52, 296, 329, 332
지구온난화 71, 103~104, 158~159, 227, 250, 269
지능을 가진 외계 생명체ETI 164~165, 325~327
지능지수 155~157, 282
지력과학 152~154
진화경제학 18~19
진화심리학 18~19, 34, 94, 217
집단지능CI 190, 196, 251, 265~266
짝짓기 18, 20, 35~36, 116~117, 263

착상 전 유전자 진단PGD 73~74
체외수정 시술IVF 72, 74
초심리학 314~315
초월 명상TM 42, 149~151, 154, 317~318, 331~333

커넥텀 323~324

테스토스테론 29~30, 225~226, 291, 298~300, 360
특이점 81~83, 319, 321
틀 효과 211

파킨슨의 법칙 24~27
편도체 42, 296, 329~330
폴리그래프 51
플라보노이드 334~336
플라시보 효과 85

합성생물학 165~167
해벅스코프 305
해석 수준 이론CLT 112~114
행동 감염 142~145
행동경제학 66~68, 216, 289
행복경제학 283~285
현상 파괴적 기술 184~185
확장 및 구축 이론 316~318
확증편향 237
환경윤리 70~71

찾아보기-문헌

『감정이입의 시대』(프란스 드 발) 163
『경계를 넘어서』(미셸 니코렐리스) 367
「공유지의 비극」(개릿 하딘) 158~159
『과오』(데이비드 프리드먼) 259~261
『기술의 대융합』(이인식 외) 219
『기업가정신』 129
『끊임없는 전쟁』(스티븐 르블랑크) 248

『뇌의 거울』(마르코 야코보니) 33

「다가오는 기술적 특이점—포스트휴먼 시대에 살아남는 방법」(버너 빈지) 81
『당신은 부속품이 아니다』(재론 래니어) 196
『도덕적 마음』(마크 하우저) 274
『드라큘라』(브램 스토커) 342~343
「디지털 모택동주의」(재론 래니어) 195

『로봇』(한스 모라벡) 82
『로봇과 전쟁』(피터 W. 싱어) 254~255
『로봇의 행진』(케빈 워릭) 82~83
「로섬의 만능 로봇」(카렐 차페크) 301
『로스트 심벌』(댄 브라운) 152

『마음의 틀』(하워드 가드너) 155~156
『메데이아 가설』(피터 워드) 101~102
『목격자의 증언』(엘리자베스 로프터스) 202~203
『문명 이전의 전쟁』(로런스 킬리) 247
「미래를 느낀다」(대릴 벰) 315

『법정의 심리과학』(스콧 릴리엔펠드) 202
『부인주의』(마이클 스펙터) 238

『사망과 임종에 대하여』(엘리자베스 퀴블러 로스) 213~215
『사회 지능』(대니얼 골먼) 75
『삶을 보여 준다』(빌 게이츠 시니어) 128
『상식 밖의 경제학』(댄 애리얼리) 67, 110~111
『생각의 뿌리』(앤드루 롭) 122~123
『생명의 다양성』(에드워드 윌슨) 269
「생태 위기의 역사적 기원」(린 화이트) 70
『생태 지능』(대니얼 골먼) 76~77
『선량하게 태어나다』(대처 켈트너) 137~138
『설득의 심리학』(로버트 치알디니) 210
『소비』(제프리 밀러) 115~117
『손가락 책』(존 매닝) 29
『슬픔의 다른 얼굴』(조지 보내노) 348~349
『시신의 경직』(메리 로취) 286, 288
『신은 당신의 뇌를 어떻게 바꾸는가』(앤드루 뉴버그) 59~60
『신은 왜 우리 곁을 떠나지 않는가』(앤드루 뉴버그) 59

『애착』(애머 레빈·레이첼 헬러) 345~346
『야생의 정의』(마크 베코프) 257~258
『야생의 해결책』(폴 에를리히·앤드루 비티) 269
『연결되다』(니콜라스 크리스태키스·제임스 파울러) 145, 170
『영리한 무리』(피터 밀러) 266
『영원한 치유』(허버트 벤슨) 60
『완전한 무리』(렌 피셔) 246
『왜 사람은 자살하는가』(토머스 조이너) 44~46

『왜 우리는 협력하는가』(마이클 토마셀로) 162
『왜 이웃이 죽이는가』(러셀 스페어스·콜린 리치) 310~311
『유한계급 이론』(소스타인 베블런) 116
『이성적 낙관주의자』(매트 리들리) 251~252
「2025년 세계적 추세」(미국 국가정보위원회) 184~186, 255
「인간 능력의 향상을 위한 기술의 융합」(미국 과학재단·상무부) 118~120
『인구 폭탄』(폴 에를리히) 250
『1초의 몇 분의 1의 시간의 설득』(케빈 더튼) 210~212

『자본론』(카를 마르크스) 62
『자살론』(에밀 뒤르켐) 43
『자살에 관한 신화』(토머스 조이너) 231~232
『자유시장 광기』(피터 우벨) 67~68
『적극성』(바버라 프레드릭슨) 181, 318
『전쟁을 넘어서』(더글러스 프라이) 248~249
「젊어서 죽고 빨리 산다」(대니얼 네틀) 281
『정서 지능』(대니얼 골먼) 75
『지능검사가 놓친 것』(카이스 스태노비치) 157
『짝짓기 지능』(글렌 게어·제프리 밀러) 35
『짝짓기 하는 마음』(제프리 밀러) 35

『침착해라』(제롬 처트코프) 357

『커넥텀』(세바스찬 승) 323
『쾌락의 원칙을 넘어서』(지그문트 프로이트) 43~44

『타고난 기업가, 타고난 지도자』(스콧 쉐인) 289~290
『털 없는 원숭이』(데스먼드 모리스) 197
『통속심리학의 50대 신화』(스콧 릴리엔펠드 외) 204~206, 215
『트럼프의 부자 되는 법』(도널드 트럼프) 262
『특이점이 다가온다』(레이 커즈와일) 82, 319
『티핑 포인트』(말콤 글래드웰) 143

『팔꿈치로 슬쩍 찌르기』(리처드 탈러) 67
『편향』(오리 브래프먼) 67

『흡혈귀』(장 마라니) 340

지은이의 주요 저술 활동

칼럼

신문 칼럼 연재
- 『동아일보』 이인식의 과학생각(99. 10~01. 12) : 58회(격주)
- 『한겨레』 이인식의 과학나라(01. 5~04. 4) : 151회(매주)
- 『조선닷컴』 이인식 과학칼럼(04. 2~04. 12) : 21회(격주)
- 『광주일보』 테마칼럼(04. 11~05. 5) : 7회(월 1회)
- 『부산일보』 과학칼럼(05. 7~07. 6) : 26회(월 1회)
- 『조선일보』 아침논단(06. 5~06. 10) : 5회(월 1회)
- 『조선일보』 이인식의 멋진과학(07. 3~11. 4) : 199회(매주)
- 『조선일보』 스포츠 사이언스(10. 7~11. 1) : 7회(월 1회)

잡지 칼럼 연재
- 『월간조선』 이인식 과학칼럼(92. 4~93. 12) : 20회
- 『과학동아』 이인식 칼럼(94. 1~94. 12) : 12회
- 『지성과 패기』 이인식 과학글방(95. 3~97. 12) : 17회
- 『과학동아』 이인식 칼럼-성의 과학(96. 9~98. 8) : 24회
- 『한겨레21』 과학칼럼(97. 12~98. 11) : 12회
- 『말』 이인식 과학칼럼(98. 1~98. 4) : 4회(연재 중단)
- 『과학동아』 이인식의 초심리학 특강(99. 1~99. 6) : 6회
- 『주간동아』 이인식의 21세기 키워드(99. 2~99. 12) : 42회
- 『시사저널』 이인식의 시사과학(06. 4~07. 1) : 20회(연재 중단)
- 『월간조선』 이인식의 지식융합 파일(09. 9~10. 2) : 5회
- 『PEN』(일본 산업기술종합연구소) 나노기술 칼럼(11. 7~현재) : 연재 중(월 1회)

『아주 특별한 과학 에세이』 출판 기념회(2001. 2. 21.)

저서

1987 『하이테크 혁명』, 김영사

1992 『사람과 컴퓨터』, 까치글방
- KBS TV「이 한 권의 책」테마북 선정
- 문화부 추천도서
- 덕성여대 '교양독서 세미나' (1994~2000) 선정도서

1995 『미래는 어떻게 존재하는가』, 민음사

1998 『성이란 무엇인가』, 민음사

1999 『제2의 창세기』, 김영사
- 문화관광부 추천도서
- 간행물윤리위원회 선정 '이달의 읽을 만한 책'
- 한국출판인회의 선정도서
- 산업정책연구원 경영자독서모임 선정도서

2000 『21세기 키워드』, 김영사
- 중앙일보 선정 좋은 책 100선
- 간행물윤리위원회 선정 '청소년 권장도서'

『과학이 세계관을 바꾼다』(공저), 푸른나무
- 문화관광부 추천도서
- 간행물윤리위원회 선정 '청소년 권장도서'

2001 『아주 특별한 과학 에세이』, 푸른나무
- EBS TV「책으로 읽는 세상」테마북 선정

『신비동물원』, 김영사

『현대과학의 쟁점』(공저), 김영사
- 간행물윤리위원회 선정 '청소년 권장도서'

2002 『신화상상동물 백과사전』, 생각의나무

『이인식의 성과학 탐사』, 생각의나무
- 책으로 따뜻한 세상 만드는 교사들(책따세) 추천도서

『이인식의 과학생각』, 생각의나무

제1회 한국공학한림원 해동상 수상(2005. 12. 5.)
왼쪽부터 김정식 해동과학문화재단 이사장, 저자 부부, 윤종용 한국공학한림원 회장

『나노기술이 미래를 바꾼다』(편저), 김영사
- 문화관광부 선정 우수학술도서
- 간행물윤리위원회 선정 '이달의 읽을 만한 책'

『새로운 천년의 과학』(편저), 해나무

2004 『미래과학의 세계로 떠나보자』, 두산동아

- 한우리독서문화운동본부 선정도서
- 간행물윤리위원회 선정 '청소년 권장도서'
- 산업자원부·한국공학한림원 지원 만화 제작(전 2권)

『미래신문』, 김영사
- EBS TV 「책, 내게로 오다」 테마북 선정

『이인식의 과학나라』, 김영사
『세계를 바꾼 20가지 공학기술』(공저), 생각의나무

2005 『나는 멋진 로봇친구가 좋다』, 랜덤하우스중앙
- 동아일보 '독서로 논술잡기' 추천도서
- 산업자원부·한국공학한림원 지원 만화 제작(전 4권)

『걸리버 지식 탐험기』, 랜덤하우스중앙
- 책으로 따뜻한 세상 만드는 교사들(책따세) 추천도서
- 조선일보 '논술을 돕는 이 한 권의 책' 추천도서

『새로운 인문주의자는 경계를 넘어라』(공저), 고즈윈
- 과학동아 선정 '통합교과 논술대비를 위한 추천 과학책'

2006 『미래교양사전』, 갤리온
- 제47회 한국출판문화상(저술 부문) 수상
- 중앙일보 선정 올해의 책
- 시사저널 선정 올해의 책
- 동아일보 선정 미래학 도서 20선
- 조선일보 '정시 논술을 돕는 책 15선' 선정도서
- 조선일보 '논술을 돕는 이 한 권의 책' 추천도서

『걸리버 과학 탐험기』, 랜덤하우스중앙

2007 『유토피아 이야기』, 갤리온
2008 『이인식의 세계신화여행』(전 2권), 갤리온

『짝짓기의 심리학』, 고즈윈
- EBS 라디오 「작가와의 만남」 도서
- 교보문고 '북세미나' 선정도서

『미래교양사전』 출판 기념회(2006. 8. 29.)
과학기술계 및 언론출판계의 지인들(위)과 광주제일고등학교 8회 동문들(아래)과 함께

『지식의 대융합』, 고즈윈
- KBS 1TV「일류로 가는 길」강연도서
- 문화체육관광부 우수교양도서
- KAIST 인문사회과학부 '지식융합' 과목 교재
- KAIST 영재기업인교육원 '지식융합' 과목 교재
- 한국폴리텍대학 융합교육 교재
- 책따세 월례 기부강좌 도서
- KTV 파워특강 테마북
- 한국콘텐츠진흥원 콘텐츠아카데미 교재
- EBS 라디오「대한민국 성공시대」테마북
- 2010 명동연극교실 강연도서

2009 『미래과학의 세계로 떠나보자』(개정판), 고즈윈
『나는 멋진 로봇친구가 좋다』(개정판), 고즈윈
- 책으로 따뜻한 세상 만드는 교사들(책따세) 추천도서
『한 권으로 읽는 나노기술의 모든 것』, 고즈윈
- 고등학교 국어 교과서(금성출판사) 나노기술 칼럼 수록
- 대한출판문화협회 선정 청소년 도서
- 책으로 따뜻한 세상 만드는 교사들(책따세) 추천도서

2010 『기술의 대융합』(기획), 고즈윈
- 문화체육관광부 우수교양도서
- 한국공학한림원 공동발간도서
- KAIST 인문사회과학부 '지식융합' 과목 교재
- KAIST 영재기업인교육원 '지식융합' 과목 교재
『신화상상동물 백과사전』(전 2권·개정판), 생각의나무
『나노기술이 세상을 바꾼다』(개정판), 고즈윈
『신화와 과학이 만나다』(전 2권·개정판), 생각의나무
『주니어 미래지식사전』(전 2권), 고즈윈

2011 『걸리버 지식 탐험기』(개정판), 고즈윈

제47회 한국출판문화상 수상(2005. 12. 5.)
왼쪽부터 최영락 공공기술연구회 이사장, 최규홍 연세대 교수, 저자,
윤정로 카이스트 교수, 백이호 한국기술사회 전무, 이광형 숭실대 교수

『만화 21세기 키워드』(전 3권), 홍승우 만화, 애니북스(2003~2005)
- 부천만화상 어린이만화상 수상
- 한국출판인회의 선정 '청소년 교양도서'
- 책키북키 선정 추천도서 200선
- 동아일보 '독서로 논술잡기' 추천도서
- 아시아태평양이론물리센터 '과학, 책으로 말하다' 테마북

『미래과학의 세계로 떠나보자』(전 2권), 이정욱 만화, 애니북스(2005~2006)
- 한국공학한림원 공동발간도서
- 과학기술부 인증 우수과학도서

『와! 로봇이다』(전 4권), 김제현 만화, 애니북스(2007~)
- 한국공학한림원 공동발간도서

『지식의 대융합』 출판 기념회(2008. 11. 5.)
과학기술계 중심의 지인들(위), 아내 안젤라의 역삼성당 교우 및 대학 동창들(중간),
서울대 전자공학과 22회 및 광주제일고등학교 8회 동문들(아래)과 함께.